Cocktail

칵테일 스피릿

Spirit

주영준 지음

숨쉬는
책공장

들어가며

반갑습니다.

주영준이라고 합니다. 2011년부터 신촌 구석에서 '바 틸트'라는
작은 바를 운영하고 있고(이 책이 발행되는 날까지 망하지 않으면
좋겠고), 사회학 석사 학위를 소유한 삼십 대 중반의 바텐더이며,
여기저기 술에 대한 칼럼과 에세이를 썼고, 프리랜서 번역가로도
일하며, '위스키 대백과'라는 책을 번역했습니다. 이제 당신에 대해
이야기해 보도록 할까요.

　　당신이 태어나서 처음 마셔 본 독한 술은 매우 높은 확률로
희석식 소주, 그러니까 '소주'라고 쓰인 녹색 병에 담긴 쓴맛이
나는 술이었을 겁니다. '술은 집에서 어른에게 배워야지'라는
근엄한 아버지의 말씀과 함께였을지도 모르고, 교복을 입던
시절 동네 공터니 방파제니 강가니 하는 곳에서 들이켰을지도
모르겠습니다. 혹은 '사회생활' 시작을 기념하며 마셨을지도
모르지요. 처음 아르바이트를 한 날이라거나, 대학 신입생
환영회에서 마셨을 수도 있겠습니다. 당신의 나이에 따라 그
소주는 25도였을지도 모르고 23도, 혹은 19도였을지도 모릅니다.

　　제 경우에는 23도였습니다. 당신이 처음 마셔 본 '술'이
맥주나 제사에서 쓰는 청주일 가능성도 높겠지만 '독한 술'이라면

역시 소주일 겁니다. 그만큼 싸고, 구하기도 편하고, 또 마시기도 편하니까요. 그런 당신은 어느 날엔가, 다른 독한 술도 마셔 보았을 겁니다. 이제 막 마셔 보려는 시도를 하는 중일지도 모르고요. 좋은 회사에 취직한 선배가 '오늘 양주 한 병 쏜다'라고 하며 근사한 곳에 데려갔을지도 모르지요. 혹은 '어른이 된 느낌'을 즐겨 보기 위해 쭈뼛쭈뼛 바에 들어가서 무언가를 마셔 봤을지도 모르고요. 진취적으로, 아니 어쩌면 아무 이유 없이 충동적으로 마트 혹은 주류상에서 정체 모를 술을 사 왔을지도 모르겠습니다. 아마 그럴 겁니다. 그렇지 않다면 이런 책을 왜 사겠습니까? 저는 골프를 치지도 않고 골프에 대해 관심도 없는지라, 골프에 관한 책을 산 적이 없습니다.

그러다 인터넷에서 몇 가지 정보를 검색해 보았을 겁니다. 어떤 술이 맛있나요? 위스키란 무엇인가요? 이런 술을 샀는데 어떻게 마셔야 맛있을까요? '벨루가'라는 보드카를 구하고 싶은데 집 근처 마트에 없어요. 어디로 가야 하나요? '라프로익'이라고 냄새가 정말 이상한 술을 마셨는데 혹시 변질된 거 아닌가요? 그리고 몇 가지 유용한 정보와 그를 훨씬 상회하는 잘못된 정보들을 찾게 되었을 겁니다. 주기율표를 만든 화학자 멘델레예프가 보드카의 도수를 40도로 정했다거나 네덜란드의 의학 박사 실비우스가 진을 발명했다는(이는 술에 대한 가장 대표적인 '진짜 같지만 거짓인 정보'죠) 이야기 같은 것들 말입니다. 주변의 술꾼 친구들에게 이런 내용들을 물어보았을지도 모릅니다. 그러면 아마 친구는 사실과 별 상관없는 자신의 입장과 주장을 길게 늘어놓았겠지요. '술 전문가'에게 묻는다면 그나마 조금 나을 겁니다. 이를테면 바텐더 말입니다. 취미를 걸고 농담을 하는 것은 쉬운 일이지만 직업을 걸고 농담을 하는 것은 꽤 어려운 일입니다. 마찬가지로, 책을 사는 것도 좋은 방법이 될 겁니다. 어쨌든 저는 그런 당신을 위해 이 책을 쓰게 되었습니다.

이 책은 독한 술의 세계를 여행하려는, 혹은 막 그런 여행길의 초입에 들어간 당신을 위한 책입니다. 술에 대해 하나도 모른다고요? 괜찮습니다. 천천히 읽으면서 따라오면 됩니다. 최대한 쉽게 쓰려고 노력한 책이니까요. 당신이 술에 대해 나름대로 전문가라면 우리 대화해 봅시다. 저는 이 책에서 최대한 저의 '주관적인 판단'을 살리려고 노력했습니다. 술의 역사라거나 유래 같은 객관적인 사실들은 최대한 검증된 이야기만을 담으려고 노력했지만 '이 술의 향미는 어떻게 파악될 수 있는가?'라거나 '이 술은 어떻게 마셔야 맛있는가?' 혹은 '이 칵테일은 어떻게 마셔야 맛있는가?' 하는 부분에서는 최대한 제 생각을 강하게 드러내려고 노력했습니다. 제 생각이 100% 옳다고 생각하기에 그렇게 쓴 것이 아닙니다. 술을 잘 아는 당신과 대화하고 싶기에 그렇게 쓴 것이죠. 당신들 중 누군가는 어떤 부분을 읽으면서 '오, 나만 이렇게 생각하고 있는 게 아니었군'이라고 생각할지도 모르겠고, 당신들 중 누군가는 어떤 부분을 읽으면서 '스스로 술꾼입네 바텐더네 번역가네 저자네 나대더니 이런 말도 안 되는 생각을 한다고? 세상에 믿을 놈 하나 없군'이라고 생각할지도 모릅니다. 어느 경우든 꽤 재미있을 겁니다.

자, 이 책을 읽는 당신에 대한 이야기는 이쯤 해 두기로 하지요. 당신은 제 이름을 알고 저는 이 책을 산 당신을 어느 정도 알고 있습니다. 그런 당신을 생각하며 쓴 책이니 그리 나쁜 책은 아닐 겁니다. 그러니 즐겁게 대화를 시작해 봅시다.

이 책은 삶과 우주와 문학에 대한 진솔한 대화를 나누기 위해 쓴 것이 아닙니다. 그런 건 술잔을 사이에 두고 나눌 일이지 책을 통해 할 일이 아닙니다. 여기에서 저는 떠들고 당신은 듣습니다. 당신이 떠들고 싶다면 개인적으로 연락하십시오. 제가 떠들어 볼

이야기는 구체적으로 이렇습니다. '술을 어떻게 마실 것인가?', '술을 어떻게 섞을 것인가?', '어떤 술을 어디서 살 것인가?' 이 모든 논의의 초점은 서양의 독한 술들, 그러니까 흔히 우리가 '양주'라고 통칭하는 술에 맞춰질 것입니다. 좋은 동양 술도 많고, 좋은 발효주도 많습니다. 좋은 소주와 전통주도 많죠. 하지만 그건 제 전문 분야가 아닙니다. 이 책은 철저히 '서양 증류주'와 그것을 기반으로 한 '칵테일'에 집중된 책입니다.

먼저 술을 '마시는' 방법에 대해 이야기해 봅니다. 이건 지극히 기술적인 부분에 관한 이야기가 될 것입니다. 그러니까 어떤 식으로 술을 마셔야 술의 맛을 제대로 느낄 수 있는가, 어떻게 보관해야 하는가 같은 것들 말입니다. 인생을 안주로 삼는다거나 만취하도록 마시지 않는 문제에 대해서는 각자 생각해 보도록 합시다. 그다음에는 술을 섞는 기초적인 기법에 대해 이야기할 겁니다. 이 부분은 아주 간단한 수준에서 다루려 합니다. 복잡하게 다루자면 끝도 없이 복잡해지는 부분이기 때문입니다. 재패니즈 스타일 바텐딩, 긴자 하드 쉐이킹, 아메리칸 크래프트 칵테일, 오감을 만족시키는 믹솔로지 같은 수많은 방법론과 철학이 존재합니다.

술을 섞는 기법과 기본 준비물에 대한 설명이 끝나고 이 책의 본론인 2장이 시작됩니다. 2장은 사실상 이 책의 핵심입니다. 대형 마트에서 쉽게 찾아볼 수 있는 서양 증류주를 유형별로 분류하고, 대표적인 브랜드를 골랐습니다. 브랜드의 간단한 역사와 향미를 설명하고 해당 술로 만들면 좋을 칵테일을 소개합니다. 여기서부터는 앞서 말한 대로 조금 과감하고 주관적인 주장들이 나올 겁니다. 술을 마신 짬이 좀 된 것 같고, 그래서 당장 대형 마트에 가서 술을 사고 싶어 몸이 근질근질하다면 1장을 스킵하고 2장부터 보시는 것도 좋습니다. 그러면, 시작해 봅시다.

차례

1장

"이제 주방에 가서 잔을 하나 들고
오자. 오는 김에 물도 한 잔 챙기자.
소위 '샷잔' 혹은 '양주잔'이라고
불리는 작고 길쭉한 잔을 가져온
당신, 되도록이면 다른 잔을
가져오도록 하자.
물론 '샷잔'이 완전히 잘못된 선택은
아니다. 하지만 향과 맛을 더
강렬하게 즐기고 싶다면 잔을 바꿔
오고, 그냥 독한 술을 한 잔 마시고
싶다면 그냥
그 잔을 쓰자."

첫 잔의 대화

먼저, 한 잔

일단 술을 마시며 시작해 보자. 오랜만에 만난 친구와 젊은 시절을 떠올리며 삼겹살에 소주를 한잔 걸치는 것도, 직장에서 받은 스트레스를 날려 버리기 위해 조용한 바에 가서 혼자 마시는 것도 훌륭한 음주다. 다만, 이 책이 다루려고 하는 것은 역시 '술의 맛 자체'를 즐기는 것이니까 이 부분에 이야기를 집중해 보도록 하자. 어떻게 독주를 즐길 수 있을까. 자, 일단 나가서 술을 한 병 사 오자. 아니면 주방이나 서재, 혹은 홈 바에 있는 술을 한 병 꺼내 보자. 아무거나 좋다. 냉장고나 냉동고에 박아 둔 술병을 꺼내는 것도 괜찮다.

　냉장고 이야기가 나온 김에 온도에 대해 이야기해 보자. 일반적으로, 모든 음료는 온도가 높을수록 향이 강하고 온도가 낮을수록 약하다. 독주를 깔끔한 맛으로 즐기고 싶다면 냉장 보관하자. 도수 40도 정도의 술은 가정용 냉장고의 냉동실 정도로는 잘 얼지 않으니 따로 냉동 보관해도 좋다. 특히 진이나 보드카라면 냉동 보관이 잘 어울린다. 하지만 위스키나 브랜디는 되도록 그늘진 곳에 상온으로 보관하도록 하자. 기본적으로 위스키나 브랜디는 강렬하고 화려한 '향'을 무기로 삼는 술이다.

향 자체를 더 살리기 위해 살짝 데워 먹는 경우도 있다. 그런 술을 냉장 보관할 필요가 있을까. 굳이 시원하게 마시고 싶다면 상온에 보관해 두었다가 얼음을 넣어 마시는 정도가 편하지 않을까 싶다. 그리고 위스키나 몇몇 전통 증류주의 경우, '냉각 여과'를 하지 않는 경우가 있다. 증류한 술에는 생각보다 꽤 많은 성분들이 들어 있는데, 이 성분들 중 일부는 냉각될 경우 뿌옇게 응어리를 생성한다. 깔끔함을 중시하는 술은 증류 후에 술을 냉각해 발생한 응어리를 제거하고, 풍부함을 중시하는 술은 그 반대로 냉각 여과를 하지 않고 발매한다. 이러한 '비냉각여과Non chill filtered 위스키'의 경우, 냉각을 하면 보기에도 안 좋고 맛의 균질성에도 문제가 생기는 이상한 위스키가 되어 버리니 조심하도록 하자. 아, 술을 해가 비치는 창가에 둔다거나 뜨끈한 열원 근처에 두면 좋지 않다는 상식적인 이야기는 하지 않아도 되겠지.

이제 잔을 챙길 차례다. 주방에 가서 잔을 하나 들고 오자. 오는 김에 물도 한 잔 챙기자. 소위 '샷잔' 혹은 '양주잔'이라고 불리는 작고 길쭉한 잔을 가져온 당신, 되도록이면 다른 잔을 가져오도록 하자. 물론 '샷잔'이 완전히 잘못된 선택은 아니다. 하지만 따랐을 때 술의 표면적이 작은 그 잔은 술의 향을 충분히 살려 주지도 않고, 향을 잘 모아 주지도 않는다. 향과 맛을 더 강렬하게 즐기고 싶다면 잔을 바꿔 오고, 그냥 독한 술을 한 잔 시원하게 넘기고 싶다면 그냥 그 잔을 쓰자. 시음할 때 가장 적합한 형태의 잔은 와인잔과 같은 주둥이가 좁고 술이 담기는 부분이 넓은 잔이다. 넓은 부분에 담긴 술의 넓은 표면적은 알코올이 좀 더 쉽게 증발하도록 만들 것이다. '뭐? 아까운 알코올이 증발한다고?' 하고 놀랄 필요는 없다. 어차피 다 당신 코로 들어갈 것이고, 코는 상당히 민감하고 훌륭한 기관이다. 그렇게 증발한 알코올과 다양한 향미는 좁은 주둥이에 모여 강렬하고 화려한 향으로 피어난다.

물론 이런 잔만이 정답은 아니다. 집에 수십 병의 위스키를 보유하고 있는 한 단골손님은 항상 '락잔'이라고 부르는 올드 패션드 글라스에 위스키를 따라 마신다. 그는 '시음용 글라스에 마시자니 혀가 술맛을 보기도 전에 코가 다 마시는 것 같아서 별로고, 그렇다고 샷잔에 마시자니 향이 너무 사라져 역시 별로여서 그냥 락잔에 마시는 게 좋아'라고 이야기한다. 물론 그런 그도 새로운 술을 시음해 볼 때는 저 '시음용 글라스'를 선호한다.

자, 그러면 술을 따라 보자. 일단 물을 한 잔 마시고, 술을 천천히 음미해 보자. 색부터 시작하자. 무슨 색인가? 물론 소위 '화이트 스피릿'이라고 불리는 보드카 같은 투명한 증류주는 색 같은 게 없다. 위스키나 브랜디, 숙성된 럼이나 데킬라는 그냥 보면 다 같은 갈색처럼 보이지만 자세히 보면 색이 모두 조금씩 다르다. 물론 일부러 색을 더 넣어 중후함을 연출하려는 술도 있다. 색이 향미의 절대적인 부분을 차지하는 것은 아니지만, 그래도 일단 재미있지 않나. 색이 짙을수록 상대적으로 오래 숙성된, 향이 강한 술을 의미한다. 붉은빛이 도는 위스키를 보면서 '아, 이 위스키는 와인을 숙성시킨 통에다가 숙성한 위스키로군' 하고 혼자 잘난 척을 해 볼 수도 있다. 잔의 안쪽에서 술을 굴려 보는 것도 재미있을 것이다. 당도가 높고 풍부한 술은 점도가 있어 질질 끌리는 느낌이 들고, 가볍고 깔끔한 술은 빠르게 움직인다.

자, 물을 한 잔 더 마시면서 상상해 보자. 생전 처음 보는 술이라면 이 맛이 어떨지 예상해 보고, 이미 아는 술이라면 그 맛을 머릿속에 구체적으로 펼쳐 보자. 이베리아반도에서 열정적으로 탱고를 추는 무용수를 떠올려도 괜찮고, 바디감 3점, 쓴맛 1점, 식물맛 4점, 균형감 2점, 개성 5점 이런 식으로 객관적인 점수를 매겨 보아도 괜찮다.

자, 이제 술잔을 들자. 잠깐, 아직 마시지 말고 향부터 천천히 즐기자. 향을 충분히 즐겼다는 생각이 들면, 한입 머금고 입안에서 굴려 보라. 처음 혀에 닿는 맛과 나중에 느껴지는 맛이 다를 것이다. 조금 굴리고 나서 목으로 넘기자. 술 한 잔 마시면서 참 이것저것 귀찮은 게 많다는 생각이 들지도 모르겠다. 그다음에는 느낀 것을 정리하자.

　어떤 방식이어도 좋다. 내가 번역한 《위스키 대백과》의 저자이자 통계학자인 데이비드 위셔트는 통계학자답게 과학적 방법론을 제시한다. 그는 위스키의 주된 향미 요소를 열두 가지로 분류한 후에(무게감, 달콤함, 스모크함, 약 내음, 담배, 꿀, 스파이스, 와인, 견과류, 몰트, 과일, 꽃) 각각의 요소에 점수를 매긴다. 반대로, TV에서 '이베리아 반도의 여인, 탱고를 추는 여인. 하지만 그 여인이 친숙하게 느껴지는 그런 느낌을 받았습니다'라는 대사로 유명해진 허혁구 소믈리에처럼 감상적인 평을 정리해도 좋다(참고로, 저 문장은 상당히 정확한 문장이다. 그가 시음한 것은 방사능을 쬔 스페인산 와인이었고, 그는 스페인의 느낌과 신대륙의 느낌의 교차를 저렇게 표현했다). 자신만의 지표를 만들어도 좋고, 다양한 위스키, 와인, 커피 전문가들이 구축해 둔 틀을 조금 바꾸어 활용해도 좋다. 중요한 것은 두 가지다. 되도록이면 명확하게 기억해 둘 것(어디에 써 놔도 좋다). 둘째로, 타인과 소통할 수 있는 문장으로 정리할 것. '보라색 맛이 났어!'라거나 '재미있는 맛이다'라고 정리하는 것은 문장가가 되기 위해서는 좋은 시도일 수 있겠으나 시음을 위해서는 별로 추천할 만한 방식이 아니다.

　맛 자체를 더 심도 있게 분석해 보고 싶다면 물을 섞는 것도 굉장히 훌륭한 방법이다. 사실 독주의 일반적인 도수인 '40도'는 맛을 분석하기에 적절한 도수가 아니다. 40도라는 도수는 맛을 즐기기에 좋고, 무언가를 곁들여 마시기에도 좋지만 분석을 위해서는 너무 높다. 당연한 이야기지만 알코올 도수가 높을수록 알코올의 향 자체가 강해지며, 빨리 취하고, 후각과 미각이 빠르게 마비된다. 술의 맛 자체를 분석해 보고 싶다면 20도 정도로 희석해서 마셔 보자. 이는 실제로 위스키 장인들이 자주 쓰는 방법이며, '미즈와리'라는 칵테일 스타일로도 존재하는 방식이다. 하지만 보편적으로는 시음 목적이 아니라면 맛 자체가 떨어진다는 치명적인 문제가 있다. 궁금한 술들을 비교하며 시음해 볼 때나 술의 맛 자체를 좀 더 명확하게 알아보고 싶은 사람들이라면 해 볼 만한 시도다.

그리고 다음 잔

자, 이렇게 '술에 집중해' 한 잔의 술을 마셨다. 맛을 떠올리면서
몇 가지를 더 생각해 보자. 뭘 곁들여 마시면 잘 어울릴까. 어떤
'푸드 페어링'이든 '음식 궁합'이든 상관없다. 어떤 요리여도 좋고,
간단하게 먹을 수 있는 초콜릿이나 견과류, 과일, 과자, 혹은 다른
음료여도 좋다. 자유롭게 상상의 나래를 펼쳐 보자. 긴장을 풀고 한
잔 더 마셔 본다. 잔을 바꿔도 좋고, 얼음을 넣어서 온도에 변화를
줘도 좋다. 콜라나 주스, 토닉워터를 섞거나, 아예 다른 술을
섞어도 좋다. 다른 술과 비교 시음을 해 보는 것도 괜찮다. 애초에
비교 시음을 계획한다면 원칙은 '향이 약한 술에서 향이 강한
술'의 순서다. 그 반대로 가면 처음부터 강한 맛에 자극을 받아
나중에 마시는 것들이 너무 밍밍하다는 느낌을 받게 될 것이다.

　　그렇게 몇 잔을 마시면 아마 느낌이 상당히 달라질 것이다.
일단 좀 취했을 될 것이고, 코와 혀가 꽤 지쳤을 것이며, 기분은
좀 좋아졌을 테니까. 첫 잔 혹은 한 잔이 맛있었는지, 여러 잔을
후루룩 마시는 게 맛있었는지를 생각해 보는 것도 재미있는
시도가 된다. 대체로 향이 복잡하고 균형미를 중시하는 술들은
한두 잔에서 끊을 때 맛있고, 심플하며 개성미를 중시하는 술들은
여러 잔 쭉쭉 마실 때 맛있다. 물론 반대로 느끼는 사람도 있을
것이다. 충분히 즐겼다면 뚜껑을 닫을 시간이다. 바로 설거지를
하는 편이 나중에 좋겠지만, 취한 채로 설거지를 하다 피를
본 사람이 적지 않다. 일단 싱크대에 가져다 두고 물을 부어
두는 것까지만 해 두자. 향이 정말로 강한데 그 향이 유쾌한
스타일이라기보다는 개성적인 스타일인 술을 마시고 잔을 헹궈
두지 않으면, 나중에 굉장히 불쾌한 경험을 하게 될 수도 있다.
먹은 음식도 빨리 치워 두자. 코르크형 마개를 채택한 제품(주로

위스키, 브랜디와 고가의 다른 증류주에 쓰인다)이라면 되도록
파라필름이나 랩 등으로 마개와 병 사이를 감아 두도록 하자.
술병을 있던 자리로 원상 복귀시키고, 좀 쉬자.

이번에는 섞어 보자

이번에는 술을 섞는 것에 대해 이야기해 보도록 하자. 그렇다.
필자는 칵테일에 대해 이야기하려는 것이다. 어렵게 생각하지
말자. 우리 모두 소맥을 만들어 마셔 보지 않았는가. 희석식 소주에
국산 맥주를 섞으면 상대적으로 맛이 흐릿한 맥주는 좀 더 화려한
맛을 띠게 된다. 맥주보다 편하게 취할 수도 있고.

　술을 섞는 데는 다양한 이유가 있다. 독한 술을 편하게 마시기
위해, 개성이 강한 술의 특징을 다채롭게 즐기기 위해, 아니면
존재하지 않던 제3의 맛을 만들기 위해. 어떤 방향성과 고민을
하든 간에 근본적인 이유는 단순하다. 다른 방식으로 더 맛있게
마시기 위해서다. 이를테면, 누군가에게 위스키 스트레이트는 너무
쓰고 독한 술일 수 있다. 전체적으로 편한 맛과 청량감을 주기 위해
탄산수를 부으면 위스키 하이볼이라는 훌륭한 칵테일이 완성된다.
무거운 단맛이 나는 다른 술인 드람뷔(꿀로 만든 술이다)나
아마레또(살구씨로 만든 술이다)를 섞으면 러스티 네일, 갓파더라는
훌륭한 고전 칵테일이 된다. 어렵게 생각할 필요는 없다.

　물론 너무 쉽게 생각할 필요도 없다. 이거랑 저거랑 그거랑
섞으면 대충 이런 맛이 나겠지? 하고 섞으면 대체로 원하는 맛이
나지 않을 것이다. 한 술에는 다양한 종류의 맛이 다양한 강도로
존재하며, 그것이 다른 것에 섞이면 때로 예상치 못한 효과를 낸다.
그냥 마시기에는 단맛이 너무 강한 술이지만 섞으면 알코올의

쓴맛만 남게 되는 것도 있고(개인적으로 말리부가 그렇다고 생각한다), 그냥 마시기에는 충분히 달콤 쌉싸름한 술이지만 섞으면 쓴맛은 어디로 사라져 버리고 단맛만 남는 경우도 있다(개인적으로 코앵트로가 그러하다). 그래서 레시피가 존재하고, 기초적인 방법론이 존재하고, 철학이 존재하는 것이다.

각각의 술에 대해 이야기하기 전에, 먼저 술을 섞는 것에 대한 기초적인 방법론과 필요한 물건들을 이야기해 보도록 한다. 먼저 앞으로의 이야기를 편하게 풀어 나가기 위해서, 술을 섞을 때 자주 사용되는 기초 기법을 간단히 정리해 보도록 하겠다.

어떻게 만들까?

섞는 방법

쉐이크

쉐이커에 여러 재료를 넣고, 쉐이커의 3/4 정도로 얼음을 채운 후, 흔든다.

계란, 시럽, 우유, 크림 등 '잘 섞이지 않는 재료'를 넣은 칵테일을 만들 때 자주 사용하는 기법이다. 재료 특유의 향이 죽고, 얼음이 많이 녹으며, 잘 섞이고, 액체에 공기가 많이 들어가 부드러워진다.

이렇게 말하면 스터에 비해 '급이 떨어지는' 듯한 인상을 주지만 그렇지 않다. 애초에 재료 특유의 향을 즐기고 싶으면 굳이 뭘 섞을 필요가 없다. 드람뷔 같은 무거운 리큐르가 들어가는 칵테일을 쉐이크로 만드는 경우, 평소 무거운 단맛에 가려져 느끼기 어려운 특유의 허브 향을 느낄 수도 있다. 블렌더나 믹서기에 넣고 동력을 이용해 얼음과 재료를 함께 섞으며 갈아 버리면 '블렌드'라는 기법이 된다.

스터

믹싱 글라스에 재료를 넣고 얼음을 채운 후, 바 스푼을 천천히 돌린다. 완성된 칵테일을 얼음 없는 잔에 옮긴다.

진과 위스키를 필두로 예민한 향을 가진 독주를 기주로 한, 향이 강하고 독한 칵테일을 만들 때 자주 사용하는 기법이다. 쉐이크에 비해 재료 자체가 가진 향이 잘 살아나고, 덜 희석된 맛을 낸다. 중지와 검지 사이에 바 스푼을 끼우고, 최대한 얼음끼리 부딪히지 않도록 부드럽게 돌린다. 어딘지 모르게 고급스러운 느낌을 주며,

아무래도 쉐이크나 빌드에 비해 도수가 강하고 예민한 '어른의 술'을 조주하는 데 주로 쓰이는 기법이다. 때문에 무슨 궁극의 기술처럼 여겨지는 경향이 있는데, 실제로는 매뉴얼대로 연습만 열심히 하면 그렇게 습득하기 어려운 고난이도의 기술은 아니다. 스터를 사용하는 가장 대표적인 칵테일로는 역시 마티니가 있다.

빌드

글라스에 얼음과 재료를 넣고, 살짝 섞는다.

유명한 리큐르 회사 '볼스'는 빌드 테크닉을 '얼음과 재료를 넣고, 바 스푼으로 최소한 6바퀴 이상 섞어 서빙한다'라고 규정한다. 유명한 칵테일 웹사이트 '드링크믹서'는 빌드 테크닉을 '얼음과 재료를 넣고 서빙한다. 재료가 층을 내는 경우도 있다'라고 이야기한다. 이 책에서는 볼스의 정의를 따르도록 한다. 각종 하이볼이 빌드 기법의 대표적인 칵테일이라고 할 수 있다. 너무 적게 섞을 필요는 없다. 충분히 섞자.

머들

머들러로 과일이나 향신료를 으깨 술에 넣는다.

모히토나 카이피리냐같이 신선한 라임 혹은 민트를 사용하는
칵테일에 사용하는 기법이다. 힘을 충분히 주고 꾹꾹 짓눌러서
상쾌한 향을 뽑아내자. 머들러를 비비듯이 누르면서 '모든
즙을 뽑아내겠다'는 느낌으로 머들링을 하면 일단 재료가 너무
분해돼서 보기에도 별로 안 좋고, 라임, 레몬, 오렌지의 경우
껍질의 시트러스 오일 향이 너무 과하게 추출되거나, 민트의 경우
잎맥 부분의 풀 맛이 너무 과하게 추출되어, 칵테일에서 필요
이상의 쓴맛이 나기도 한다.

레이어

술을 층층히 쌓는다.

흔히 프라페 스타일, 혹은 플로팅 스타일로 불리는 칵테일
기법이다. 극단적인 밀도 차가 있는 술의 경우, 대충 글라스
벽면으로 천천히 부어도 칼로 자른 듯한 층이 형성된다. 약간의
밀도 차가 있는 경우는 바 스푼 뒷면을 이용해 천천히 술을
따르면 된다. 집에서 취미로 레이어 칵테일을 만들 때에는
가급적 리큐르의 브랜드를 통일하는 게 좋다. 같은 이름의 블루
큐라소라도 볼스와 마리 브리저와 디카이퍼의 리큐르는 비중이
다르다.

몇 가지 팁

칵테일을 만드는 데에 수많은 팁이 있지만, 가장 중요하다고
생각하는 팁을 세 가지만 살펴본다.

재료와 잔

재료와 잔은 필요에 따라 냉각해 두자.

아예 데워 먹는 칵테일이나, 기주의 향을 최대한 살려 내는
칵테일이 아닌 이상 대부분의 칵테일 레시피는 '시원한 온도에서
마실 것'을 전제로 한다. 그렇기에 잔을 냉각하는 것은 훌륭한
선택이 될 것이다. 냉장고에 냉장 보관하는 방법도 좋고, 미리
잔에 얼음을 담아 둬도 좋다. 탄산음료는 반드시 냉장 보관한다.
기본적으로 탄산음료를 사용하는 칵테일은 시원하게 마시기 위한
칵테일이다. 당연히 음료가 시원할수록 좋다. 둘째로, 음료의
온도가 낮을수록 탄산의 보존력이 강하다. 덜 차가운 콜라는 따서
잔에 붓자마자 김이 빠진다. 물론 그냥 탄산음료를 마실 때도
냉각해 두는 게 좋지만, 맛있는 칵테일을 위해서라면 필수적인
일이 된다. 적어도 탄산음료를 그냥 마실 때에는 섞거나 젓지
않지만 탄산음료가 들어가는 칵테일은 섞거나 젓기 때문에 좀 더
민감하다.

가니시

가니시는 단순한 장식이 아니다.

가니시, 그러니까 칵테일에 들어가는 장식용 과일은 상당히

중요하다. 칵테일 가니시의 용도는 배달 도시락에 담겨 있는 풀 모양의 플라스틱 쪼가리의 용도와는 다르다. 가니시는 술 자체에 맛을 부여해 주며 향을 다채롭게 하는, 단순한 장식 이상의 것이다. 과일을 사용할 경우 외피와 내피와 과육이 가진 맛과 향이 매우 다르다는 것을 생각하자. 어떤 칵테일에는 레몬 껍질의 향이 어울릴 수 있으나 과육의 향이 전체의 균형을 깨뜨릴 수도 있다. 어떤 칵테일은 껍질과 과육의 향이 모두 들어가야 한다. 다양한 가니시를 활용해 보며 자신의 취향과 맛의 완성도를 찾아보도록 하자. 어차피 정답이 있는 것은 아니다. 아, 필요 이상으로 과한 가니시는 술을 마시는 과정 자체를 껄끄럽게 할 수 있으니 이런 부분도 신경 쓰도록 하자. 칵테일에 들어간 레몬이 자꾸 입술을 때리는 일이 유쾌한 경험일 리는 없을 것이다.

섞기

충분히 섞어 주자.

　칵테일 입문자들이 흔히 하는 오해 중 하나는 칵테일을 만들 때 얼음으로 인한 물이 적게 섞일수록 좋다는 것이다. 어떤 칵테일과 어떤 기법, 이를테면 엑스트라 드라이 마티니를 만든다거나 하드셰이크로 어떤 칵테일을 만드는 경우에는 맞는 말일 수 있지만 모든 칵테일에 해당되는 이야기는 결코 아니다. 어떤 칵테일이든 '적당함'이 중요하다. 그리고 어떤 바텐더는 이 적당함을 위해 약간의 물을 추가하기도 하고 어떤 칵테일에는 약간의 물을 덜 수도 있다. 덜 섞으려고 강박적으로 노력할 필요는 없다.

　얼음을 다룰 때에도 마찬가지다. 얼음이 적게 녹을수록

칵테일은 덜 시원하다. 이는 기술의 문제가 아니라 물리학의 문제다. 무조건 얼음을 덜 녹이는 데 집중하지 말고, '어느 정도로 섞어서 얼마나 얼음이 녹았을 때' 칵테일이 맛있어지는지 파악하라. 이를테면 개별 재료들의 개성이 강하며 점도도 높은 네그로니 같은 칵테일을 만들 때, 얼음을 덜 녹이겠다고 서너 번 휘휘 저어 내면 그다지 유쾌하지 않은 맛이 날 확률이 높다.

기물과 글라스

칵테일을 만들 때 물론 집에 있는 기구와 잔을 활용해도 된다.
요컨대 스포이드라거나, 절굿공이라거나, 강판이라거나. 하지만
칵테일 제조를 위해 나온 전용 툴은 그만큼의 값어치를 하니
하나쯤 장만해 두자. 업장에서야 이러한 툴은 사실 소모품이
되지만, 집에서 사용하는 것이라면 분실만 하지 않으면 평생 쓸
수 있을 것이다. 가까운 그릇가게나 대형 마트에서도 쉽게 찾아볼
수 있다. 그렇지 않다면, '바메이드'나 '빠다몰' 등의 칵테일
용품점에서 주문하자.

글라스도 마찬가지다. 집에 하나쯤은 있을 올드 패션드
글라스(그러니까, 락잔)에 진 토닉도 만들고 위스키 시음도 할 수
있겠지만 역시 적절한 글라스에 담긴 쪽이 좀 더 적절한 맛을 낸다.
세부적으로 글라스를 분류하자면 끝도 없으니, 대분류 몇 개를
소개하고 넘어가도록 하겠다. 각 대분류에 속하는 잔을 하나씩 사
두면 좀 더 즐거운 음주 생활을 맛볼 수 있을 것이다.

기물이나 글라스나, 비싼 것들이 비싼 값을 하며, 동시에
비싼 건 비싸다. 비싸고 좋은 친구들을 찾아보고 싶다면 'cocktail
kingdom', 'yukiwa', '創吉(sokichi)' 등을 검색해 잠시 눈 호강을
하도록 하자.

기물

바 스푼
저을 때 쓴다. 되도록 긴 걸 사자.

3피스 셰이커
가장 일반적인 셰이커.
뚜껑 분실을 주의하자.

지거
계량컵. 눈금이 있는 투명한
것을 사는 게 편하다.

보스턴 셰이커
대용량에 적절하며, 뚜껑을 잃어버릴 일이 없다.
양쪽 다 철로 만들어진 틴-틴 셰이커의 경우 파손의
위험도 적기에, 홈 바텐딩에 매우 적절하다.

믹싱 글라스
섞는 잔. 집에서 꼭 필요하진 않지만
기분을 내는 데 중요하다.

스트레이너
보스턴 셰이커나 믹싱 글라스
등에서 얼음을 거를 때 쓴다.

더블 스트레이너
빨은 허브나 작은 얼음 조각, 과일의
씨 등을 거를 때 필요하다.

머들러
그립감이 좋은 것이
사용하기에 편하다.

그레이터
통으로 된 스파이스를 갈아 쓸 때 쓴다.

파라필름
캡을 밀봉해 술의 보존성을
높일 때 필요하다.

칵테일 핀
가니시를 고정하거나, 간이 포크로
사용하거나. 물에 안 녹는 게 좋다.

글라스

테이스팅 글라스
액체의 표면적을 크게 해 주고 입구로 향을
모아 줘, 술이 가진 향을 최대한 느껴야 할 때
쓰면 좋다.

칵테일 글라스
날카로운 숏 칵테일에 주로 사용한다.

하이볼 글라스
하이볼 스타일, 그러니까 독주를 주스, 탄산수
등으로 풀어낸 칵테일에 사용한다.

올드 패션드
우리가 온더락잔이라고 부르는 글라스다.

아이리시 커피 글라스
내열성이 있다. 뜨거운 칵테일을 마실 때 쓴다.

샴페인 글라스
발포감을 시각적으로 느끼는 데 좋다.

마가리타 글라스
얼음이나 아이스크림, 큰 과일 등을 넣어도
무리가 없는 대용량 칵테일 잔.

술을 사자

당신은 이제 술을 마시는 방법에 대한, 그리고 섞는 방법에 대한 기초적인 것들을 배웠다. 다음 단계는 술을 사거나, 실제로 마시는 것이다. 그러면 이제 깔끔하고 편하게 차려입고 나가 보자. 물론 집 바로 앞에 편한 분위기의 단골 바나 대형 마트가 있다면 추리닝에 슬리퍼를 끌고 나가도 된다. 하지만 격식이 있는 바에 찾아가거나 대형 마트를 향해 고난의 행군을 시작해야 한다면 역시 편하면서도 깔끔한 게 좋지 않을까.

바

바는 편안한 분위기에서 다양한 술을 즐겨 보기에 가장 적합한 곳이다. 그리고 당신은 훈련된 전문가인 바텐더의 보조를 받을 수도 있다. '이러이러한 맛의 술을 마셔 보고 싶은데 혹시 추천해 주실 수 있나요?'라는 질문을 싫어하는 바텐더는 없다. 당신은 잔을 씻을 필요도 없고 물을 떠올 필요도 없다. 바에는 술의 종류도 많고, 다양한 주스와 음료를 구비하고 있으며, 여러 종류의 과일과 허브도 당신을 기다리고 있다. 간단한 안주가 준비되어 있는 곳도 있다. 바의 규모나 성격에 따라 다르지만, 괜찮은 바를 찾는다면 웬만한 주류점이나 대형 마트보다 훨씬 많은 술들을 즐겨 볼 수도 있을 것이다.

그리고 대부분의 바에서는 잔술을 판매한다. 물론 아주 비싼 술이나 보관이 용이하지 않은 술의 경우는 좀 힘들 수도 있다. 잔술은 당연히 집에서 사 먹는 것보다는 상당히 비싸다. 경제성을 생각한다면 바에서 잔술을 마시지 않는 게 이득이다. 하지만 한 잔을 먹더라도 편안한 분위기에서 마시고 싶다거나, 조용히 혼자 한잔하고 싶다거나, 아니면 정말 궁금한 술이 있는데 집에서 사 마시기에는 부담스럽고, 대형 마트나 주류 시장에 잘 안 풀리는 술이거나, 술에 대해 물어보고 싶은 게 있는 경우라면 역시 바에 가는 것이 정답이다. 바를 운영하는 필자도 이런 이유로 다른 바에 상당히 자주 들르는 편이다. 주변 바텐더들도 다른 바를 자주 드나든다. 바는 상당히 다양하다.

대형 마트

대형 마트는 맥주광들에게 상당히 행복한 곳이다. 라인업도 그런대로 갖추어져 있고, 굉장히 파격적인 할인도 자주 한다. 당연한 일이다. 맥주는 유통 기한이 긴 편이 아니며 상대적으로 독주에 비해 부피당 가격이 싼 편이기에 빨리빨리 싸게싸게 돌리는 게 이득이니까. 물론 매니악한 술을 구하기는 힘들다.

하지만 독주 애호가들에게 대형 마트는 조금 아쉬운 곳이다. 요즘에는 그래도 싱글 몰트 위스키라거나 좀 특이한 술들을 보유하고 있는 대형 마트도 늘어 가는 추세지만, 여전히 유명한 술 위주로 라인업이 구성되어 있다. 인기가 덜한 술들은 할인이나 전용잔 증정 행사 같은 것도 잘 없는 편이다. 또 하나 유의해야 할 것. 전혀 모르는 술인데 할인 중인 술은 일단 경계하라. 막말로 할인하는 맥주는 비싸 봐야 한 병에 오천 원, 만 원 하지만(수도원 맥주처럼 대형 마트에 없는 거 말고), 할인하는 독주는 할인을 해도 오만 원, 칠만 원 이런 데다가, 알코올 도수도 높고 맛도 지나치게 개성적이라 다 먹기도 힘들다.

할인한다고, 혹은 병 디자인이 예쁘다고 모르는 술을 덥석 집었다가 병을 볼 때마다 울화통 치미는 증상을 겪고 싶지 않다면 되도록이면 유명하고 검증된 술을 사자. 광고 멘트에 절대 현혹되지 말자. 프랑스의 향기? 그것은 대체로 술에서 수상한 포도 향이 난다는 뜻이다. 내가 알던 한 프랑스인은 '한국인이 아무 데나 김치를 넣고 있는 동안, 프랑스인은 아무 데나 포도와 치즈를 넣는다'는 농담을 했다. 독일의 전통을 복원한 신비한 리큐르? 헤겔이나 하이데거, 후설을 처음 읽었을 때만큼이나 신비한 경험을 하게 될 것이다. 고급스럽고 균형 잡힌 맛? 너무 고급스럽고 균형이 잘 잡힌 덕에 무슨 맛인지 하나도 모를 맛일 수도 있다. 세계의 젊은이들이 열광하는 클럽 드링크? 클럽에서 마시면 한 병에 육천 원짜리 싸구려 진으로 만든 진 토닉을 한 잔에 만 오천 원 내고 마셔도 맛있다. 평소에 술에 대해 잘 아는 친구에게 물어보는 것도 괜찮은 답이겠지만, 주류와 관련된 인터넷 커뮤니티나 바텐더에게 묻는 쪽이 가장 안전한 검증이 될 것이다. 하지만 명심하라. 디씨인사이드 주류 갤러리에서 최고의 맥주가 뭐냐고 묻는다면 그들은 입을 모아 '국산 무알코올 맥주야말로 우주 최강의 맥주'라고 답할 것이다. 조심하라.

단점이 있기는 하지만, 대형 마트는 좋은 곳이다. 일단 사용 자체가 편리하며, 정가제로 운영된다. 사용 자체가 편리하다는 것은 굉장한 장점이다. 당신은 상당히 합리적으로 배치된 마트 안에서 마실 술과 동네 편의점에 잘 없는 무향 탄산수나 진저 에일과 동네 과일가게에 잘 없는 열대 과일과 여러 종류의 잔들을 한 번에 편하게 살 수 있다. 그리고 아무리 당신이 독주 애호가라 할지라도 냉장고에는 항상 괜찮은 맥주가 몇 병은 있어야 하지 않겠는가.

주류 전문점

다양한 형태의 주류 전문점이 존재한다. 수입사가 직영하는 상점에서부터 서울 남대문시장이나 부산 국제시장에 위치한 주류 전문점, 주택가나 유흥가에 이따금 있는 프랜차이즈 주류 전문점, 혹은 술집에서 운영하는 주류 전문점에 이르기까지. 수입사 직영점이나 술집이 운영하는 주류점의 경우 가격부터 라인업에 이르기까지 상당히 훌륭하다고 하는데, 문제는 주로 와인에 편중되어 있다는 것이다(사실 그래서 직접 가 본 적은 없다. 그냥 그렇다고 여러 사람들에게 들었다). 한 10년쯤 전, 21세기 초반에 꽤 선풍적인 인기를 얻었던 동네 프랜차이즈 주류점은 요즘 많이 사라진 느낌이다. 역시 라인업이나 가격 면에서 대형 마트나 시장의 주류 전문점을 따라가기 힘들다는 게 문제가 아닐까. 다만 대형 마트가 멀리 있고 집 근처에 이런 가게가 있다면 이용해 볼 만하다. 특히 오래된 동네 주류점에서는 국내에 잠깐 수입되었다가 수입이 중단된 물건이나, 몇 병 구해다 두기는 했는데 너무 안 팔려서 가격을 확 낮춘 괜찮은 물건을 우연히 구할 수도 있다.

많은 사람들이 '동네 주류점 가느니 그냥 남대문 간다'라고 하는데, 반은 동의하고 반은 반대한다. 물론 남대문시장에서 사는 편이 싸고, 종류도 비할 바 없이 많다. 하지만 필요한 것 한두 병을 산다면, 교통비나 시간 등을 따져 봤을 때, 동네 주류점도 나쁘지 않은 선택이 된다.

시장

서울의 남대문시장, 부산의 국제시장 등 지역의 거점이 되는
대형 시장의 주류 전문점들은 상당히 흥미롭다. 인터넷에 '남대문
주류', '국제시장 주류' 등을 검색하면 다양한 업장과 업장에 대한
후기들도 찾아볼 수 있다. 정말 다양한 종류의 술을 그럭저럭
합리적인 가격에 구할 수 있는 곳이다(어떤 술들은 어처구니없게
싸고 어떤 술들은 어처구니없게 비싼데 대충 평균을 내 보면 그럭저럭
괜찮다). 대형 시장은 사실상 개인 술꾼들의 주류 구매 종착역일
것이다. 구체적인 이야기들에 대해서는 직접 찾아가서 이것저것
물어보도록 하자. 상인과 바텐더만큼 친절한 직업군도 별로 없고,
여러 가지 편의를 잘 봐 주는 직업군도 없다.

상인과 바텐더만큼 사람 많을 때 정신이 사라지는 직업군도
별로 없으니, 가능하다면 평일에 들러 보도록 하자. 가짜
양주라거나 소위 '눈탱이'에 대해서는 별로 걱정하지 않아도
된다. 일단 가짜 양주는 사실상 시중에 거의 돌지 않는다. 그런
물건들은 좀 더 으쓱한 동네에서 유통된다. 그리고 주류점 자체도
그렇게 많지 않기 때문에, 신용과 평판에 상당히 신경을 쓴다. 술은
상당한 중독성을 가진 물건이다. 손님에게 한 번 팔고 말 생각으로
장사하는 사람은 별로 없고, 그런 장사꾼은 오래 버티기 쉽지 않을
것이다.

시장 또한 대형 마트처럼 다양한 물건을 구하는 데 편리하다.
잔을 파는 곳도 있고, 그냥 봉투를 뜯기만 하면 맛있게 먹을 수
있는 다양하고 이국적인 먹거리들을 파는 곳도 있고, 과일을 파는

곳도 있다. 가기 전에 인터넷에 '남대문 주류 가격표' 같은 걸
검색해 보면 좀 더 도움이 될 것이다.

다음의 2장은 당신이 살 술을 정하는 데 나름대로 큰 도움이 되어
줄 것이다.

2장

"인지도와 구매 편의성을 고려하며
소개할 주류의 브랜드를 선정했다.
아쉽게도 한국은 알코올 소비량에
비해 주류 수입 상황이
좋은 나라가 아니다.
아무리 좋은 술이라도
구하기 힘든 술을 입문서에서
다루면 애매할 것이다.
주류 도매상을 통해서만
구할 수 있는 술은 지양하고,
쉽게 볼 수 있는 술들을 위주로
이야기를 풀어 보았다."

둘째 잔의 대화

이번 장에서는 우리가 대형 마트나 남대문시장, 편의점 등
주변에서 쉽게 구할 수 있는 술들에 대한 간략한 역사와 정보,
향미, 음용 방식, 그리고 그 술로 만들어 볼 만한 칵테일 레시피에
대해 다룰 것이다. 술의 역사와 정보에 대한 사실들은 최대한
객관적으로 서술하려고 노력했으나, 워낙 술의 역사에 대해서는
그럴싸한 잘못된 내용이 많이 전해지기에 필자가 잘못된 정보를
전달할지도 모르겠다. '이건 뭔가 이상한데' 싶은 부분에 대해서는
직접 찾아보도록 하자. 필자가 틀렸다면 미리 사과한다. 하지만
그럴 확률은 낮을 것이다. 최대한 검증된 내용을 바탕으로 했다.

앞서 밝힌 대로, 향미와 음용에 대해서는 최대한 주관적으로
쓰려고 노력했다. '뭐? 이 술이 이런 맛이라고?', '이 글을 쓴 놈은
혀가 고장 났나?', '그따위 혀로 바텐더를 하고 있다고?'라는
생각을 하게 될지도 모른다. 이런 경우라면 우리 둘의 취향이 너무
다른 것이다.

인지도와 구매 편의성을 고려하며 소개할 주류의 브랜드를
선정했다. 아쉽게도 한국은 알코올 소비량에 비해 주류 수입
상황이 좋은 나라가 아니다. 아무리 좋은 술이라도 구하기 힘든
술을 입문서에서 다루면 애매할 것이다. 주류 도매상을 통해서만
구할 수 있는 술이라거나 수입 중단 — 재개 — 중단 — 재개 —

중단 — 재개의 화려한 이력을 가진 술들은 최대한 지양하고, 쉽게 볼 수 있는 술들을 위주로 이야기를 풀어 보았다. 주류를 선정하고 평가하면서 해당 주류사나 주류업계로부터 한 푼도 후원을 받지 않았다. 하지만 후원에 매우 아주 지대한 관심을 가지고 사는 편이니 이 글을 보고 계신 업계 관계자분들은 빨리 제게 연락을 해 주시면 감사하겠다.

칵테일 레시피에서는 두 가지를 고려한 레시피를 소개했다. 첫째로, 소개한 브랜드의 술을 사용할 때 어울리는 방식의 레시피를 소개하고자 했다. 이를테면 필자는 로즈 사의 라임 코디얼이 아닌 생 라임을 쓰는 날카로운 스타일의 탱커레이 No. 10 — 김렛을 소개했는데, 탱커레이 No. 10의 화려한 시트러스 뉘앙스는 날카로운 김렛과 제법 잘 어울린다고 생각한다. 물론 탱커레이 No. 10으로 만들 수 있는 최고의 칵테일은 김렛이 아닐 것이며, 김렛을 만들기 위한 최고의 진도 탱커레이 No. 10이 아닐 수도 있다. 다른 하나는 '집에서 편하게 만들 수 있는 방식'을 고려했다. 하여 당신이 다른 레시피북에서 본 레시피와 조금 다른 부분도 있을 것이다. 하지만 애초에 칵테일 레시피란 그런 것이다. 하나의 이름을 가진 칵테일 레시피는 다양하며, 시대를 지나오며 공식 레시피 자체가 바뀐 레시피도 많다(이를테면 현재 라이 위스키를 사용하는 올드 팔의 기록된 최초의 레시피는 케네디언 클럽을 사용하며, '날카롭고 강렬한 진 칵테일'인 김렛은 원래 보드카와 탄산수로 만드는 것이었다).

진
Gin

진이란?

가장 편하게 마실 수 있는 칵테일 중 하나인 진 토닉에서부터 독하고 쓴, '어른의 세계'에 존재하는 마티니에 이르기까지 진은 여러 얼굴이 있다. 여전히 판매 중인 진로 드라이 진과 각종 저가 진에서부터 대형 마트에서 '프리미엄' 딱지를 달고 있는 탱커레이 No. 10이나 헨드릭스, 혹은 정말 비싼 프리미엄 진에 이르기까지. 그리고 이 모든 진은 하나의 공통점을 가지고 있다. 바로 송진 맛을 띤다는 점이다.

특유의 '송진 맛'은 진의 규정에서 상당히 중요하다. 유럽 연합의 기준에 따르면 진은 '자연적인 향신료로 맛을 낸 증류주로서 주니퍼베리의 향미가 두드러지는 술로, 37.5도 이상으로 병입되어야 한다'. 미국의 기준도 이와 유사하나, 최소 도수가 40도라는 점이 다르다. 맥아라는 재료와 3년이라는 숙성 연한을 중심으로 법적으로 규정되는 스카치 위스키와 달리, '맛'의 개념 자체가 진의 법적인 규정에서 굉장히 중요한 부분을 차지한다.

주니퍼베리의 향이 나는 곡물 증류주의 역사적 근원을 찾다 보면 증류 기술과 약초학이 확립된 중세 이전의 시기까지 거슬러 올라갈 수 있을 것이다. '술과 다른 무엇을 섞는다'는 개념을 역사적으로 거슬러 올라가자면 알코올 발효 기술이 확립된 고대에 이르는 것처럼 말이다. 상식적으로 증류주와 약초가 존재하는 어떤 시대가 존재한다면, 그 시대의 어떤 술꾼, 혹은 약제사, 혹은 마녀가 증류주를 더 맛있게 마시기 위해 주니퍼베리 같은 향신료를 섞어 보았을 것이다. '주니퍼베리를 섞은 증류주'가 현대적 의미의 '진'으로 확립된 시기는 명확하지 않다. 많은 자료들이 '네덜란드의 의사 실비우스 박사가 17세기 중반에 현대적 진을 창조했다'는 잘못된 정보를 이야기하고 있는데, 이런 헛소문에 낚이지 않도록 주의하자. 저 실비우스라는 양반이 아홉 살이던 1623년에 극작가 필립 매신저가 집필한 희곡 〈밀란의 공작〉에 이미 쥬네바(네덜란드 진)이라는 단어가 등장한다. 실비우스 박사가 엄청난 천재라서 아홉 살도 되기 전에 현대적 차원의 진을 확립했다는 설보다는 실비우스 창조론이 잘못되었다는 이야기 쪽이 좀 더 신빙성 있는 이야기가 될 것이다. 이 외에도 다양한 역사적 사실들이 실비우스 창조론을 기각한다. 진에 대한 최초의 역사적 언급은 이미 13세기에 출간된 백과사전에 기록되어 있으며, 진의 레시피 또한 16세기에 출간된 서적에 언급되어 있다(물론 이는 모두 쥬네바, 즉 네덜란드 진에 대한 이야기다). 16세기 벨기에의 항구 앤트워프에 주둔하던 영국 해군이 진을 만들어 마셨다는 역사적인 주장도 존재한다.

실비우스 박사가 진을 창조했다고 이야기되는 17세기 중반에 이미, 네덜란드인들은 술에 주니퍼베리, 아니스, 캐러웨이, 코리안더 등을 섞어 팔았다. 주로 약국에서 통풍, 담석, 요통 등에 대한 치료제로 저 '주니퍼베리 첨가주'가 성황리에 판매되고 있었다. 이렇게 네덜란드에서 상업적 성공을 거둔 진은 네덜란드의 오렌지 공작 윌리엄이 개입한 영국의 명예 혁명(1688년)을 거쳐 영국에 대중적으로 소개되었다. 이후 보호 무역에 대한 고려로 수입 증류주에 많은 세금을 매기고, 영국 내에서 진을 허가 없이

생산할 수 있는 법률이 입안되자, 진은 폭발적인 인기를 얻게
되었다. 맥주 양조용으로도 쓸 수 없는 저질 곡물로 만든 싸구려
진들이 넘쳐 났고, 영국의 빈민들은 값도 싸고 취하기도 편하며
어디에서나 쉽게 찾을 수 있는 진에 열광했다. 당시 런던에
있던 1만 5천여 개의 술집 중에 반 이상이 진 전문점이었다니
이는 한국인의 소주 사랑에 뒤지지 않는 수준이다. 사람들은
진을 마시고, 또 진을 마시고, 또 진을 마셔 댔다. 이렇게 현대
진의 한 종류인 '런던 드라이 진'이 탄생했다. 당시의 런던
드라이 진에는 특유의 송진 향을 더 내기 위하여 테레빈유가
들어갔으며, 때로 황산을 사용한 탈수 증류법이 사용되기도 했다.
이 제정신이 아닌 18세기 런던의 상황을 후세의 사람들은 '진
광풍Gin Craze'이라 불렀다. 1743년 영국인은 1인당 1년에 10ℓ의
진을 마셨다. 런던은 알코올 중독으로 병들어 가고 있었고, 이와
관련한 많은 사회 문제들이 발생했다. '모성 파탄mother's ruin'이라는
진의 불명예스러운 (그리고 가장 유명한) 별명이 바로 이 시기에
만들어졌다. 이뿐 아니라 아직도 현대 영국 영어에도 남아 있는
속어인 '진에 젖은gin-soaked(취하다)'라거나, '진 공장gin mills(더러운
싸구려 술집)' 등의 다양한 진과 관련된 속어들이 이 시기에
만들어졌다.

　　18세기 후반의 관련 법안의 제정과 여러 사회경제적 변화와
함께 이러한 진 광풍은 잦아들었지만, 진은 그렇게 명실공히
런던의 술이 되었다. 런던 드라이 진이 이렇게 사회적 파급력을
보여 주며 유명세를 얻었다고 해서 진의 선조격인 네덜란드
스타일의 쥬네바가 사멸한 것은 아니었다. 쥬네바는 여전히
세계적으로 인기 있는 술이었다.

진의 음용

모든 진에서는 주니퍼베리의 향이 나고, 이어서 다양한 허브에서 나오는 향이 뒤따른다. 봄베이 사파이어는 달콤한 허브 향이 주를 이루고, 텡커레이는 감귤의 쏘는 듯한 향이 강렬하며, 헨드릭스는 수박과 오이, 장미의 향이 어우러진다.

많은 사람들이 보드카를 소주의 대체품으로 생각하지만, 필자는 런던 드라이 진이야말로 소주의 가장 훌륭한 대체품이라고 생각한다. 특유의 씁쓸하고 드라이한 맛은 그냥 독주처럼 쭉쭉 마시기에도 좋으며 대부분의 음식들과 잘 어울린다. 물론 특유의 송진 향에 거부감을 가진 사람들은 마시기 버겁겠지만, 소주를 못 먹는 사람들도 충분히 많다는 걸 생각해 보면 진 정도면 충분히 대중적인 소주의 대체품이 될 수 있으리라고 생각한다.

비린 느낌이 강한 해산물을 먹으며 산뜻하게 입안을 헹구는 느낌으로 마셔도 좋고, 텁텁하고 무거운 고기와 함께 마셔도 깔끔하다. 다른 증류주에 비해 전반적으로 도수가 약간 높아 취하기도 좋으며(국내에 시판되는 보드카, 위스키, 럼, 브랜디 등의 대부분은 40도이나, 진의 경우 대부분 43~47도의 도수를 자랑한다) 개인차가 있지만 많은 애주가들이 '가장 숙취가 적은 증류주'로 진을 꼽는다. 차갑게 꽝꽝 얼린 진은 특유의 향미가 상당히 줄어들지만 정말로 시원한 느낌으로 마실 수 있고, 상온의 진은 화려한 허브 향을 뿜낸다.

진은 그야말로 칵테일의 왕이라고 할 수 있다. 진은 섬세한 풍미를 지닌다. 대부분의 다른 술과 조화를 이루며, 맛은 조금 유해지지만 강렬한 향은 그대로 남는다. 술에 문외한인 사람들도 한 번쯤 들어 보았을 유명한 칵테일들인 마티니, 진 토닉, 화이트 레이디의 기주가 진이다. 진은 태생부터 칵테일과 밀접한 관계를 맺고 있다. 미국의 금주법 시절, 사람들은 영국에서 밀수된 '진짜 위스키'인 커티삭과 함께 불법으로 증류된 진을 마셔 댔다. 불법 증류로는 증류주의 품질을 확보하기 힘들었기에, 사람들은 떨어지는 증류 기술로 만든 형편없는 보드카보다는 증류 기술이 떨어진다 하더라도 어쨌거나 확실한 향미가 살아 있는 진을 선호했다. 그리고 이런 낮은 품질의 진을 더 맛있게 마시기 위해서 수많은 칵테일 기술들이 개발되었다는 이야기가 떠돌 정도다.

차게 마셔도 좋고 상온으로 마셔도 좋다. 상온의 진과 냉각한 진은 굉장히 다른 맛의 층위를 지니기 때문이다. 차가울수록 마시기 편해지며 시원하고 날카로운 느낌을 주며, 따뜻할수록 특유의 발산적인 화려함이 살아난다. 상온의 진으로 낸 마티니와 냉각한 진으로 낸 마티니는 완전히 다른 칵테일이 된다.

탱커레이
Tanqueray

진 이전에 탱커레이

영국의 종교적인 가정에서 태어나 성직자가 되리란 기대를 받던
전도유망한 젊은 청년 찰스 탱커레이는 1830년, 스무 살의 나이에
진 증류소를 설립했다. 이것이 탱커레이 전설의 시작이다. 나는
스무 살에 무엇을 했던가 하는 덧없는 추억에 빠질 필요는 없을
것이다. 그 시간에 탱커레이 런던 드라이 진 한 잔을 마시는 편이
육체적 건강에도, 정신적 건강에도 이롭다.

　미국에서 금주령이 철폐된 이후 백악관에서 처음 마신 술이
탱커레이라는 이야기가 전해질 정도로 미국에서 인기가 좋은
술이다. 한국에서도 쉽게 찾을 수 있는 술이다. 1948년까지는
투명한 병에 담겨 판매되었지만, 이후로는 탱커레이의 상징이 된

아름다운 녹색 병에 담겨 판매되고 있다. 관능적인 곡선을 지닌 병은 칵테일 셰이커의 모양을 본떠 디자인되었다. 병 디자인이 의미하는 대로, 칵테일의 기주로 상당히 훌륭한 진이다.

자체의 맛이 강렬하고 단순한 편이기에, 초심자의 칵테일 연습용으로 자주 추천하는 진이다. 단점이라면 자기주장이 상당히 강한 편이기에 성격보다 균형이 중요한 칵테일을 잘 만들어 내기는 쉽지 않다는 정도가 될 것이다. 기본적으로 송진 향이 강하고, 여기에 강렬한 오렌지 껍질의 향과 시트러스의 향이 보조해 주는 느낌이다. 전체적으로 날카롭고 세련되고 정제된 느낌보다는 풍성하고 화려하며 발산적인 느낌이 나기에 개인적으로 차갑게 마시는 것보다는 상온이나 적당히 시원한 온도에서 마시는 쪽을 좀 더 선호한다.

무엇에 섞어도 어울리나, 무엇에 섞어도 그 결과물이 진을 기주로 한 칵테일이라기보다는 탱커레이를 기주로 한 칵테일이라는 느낌을 줄 정도로 자기주장이 강하다. 그렇기에 역설적으로 무엇에 어떻게 섞어도 안전하다. 어느 정도냐 하면, 멍게의 껍질을 잔처럼 사용해서 그 안에 부어 마셔도 주장을 잃지 않으며 폭발적인 향과 맛을 낸다. 진에 입문할 때도 가장 추천하는 술이다. 사실 '진'이라는 술의 전반적인 이미지를 대표하는 데에는 비피터가 더 어울린다고 생각하지만, 비피터는 개성보다는 균형에 초점을 맞춘 느낌이기에 아무래도 입문용으로는 재미가 좀 덜하다.

마르티네즈
Martinez

누가 만들어도 맛있는, 혹은 누가 만들어도 맛없는

마티니의 조상뻘 되는 '진과 베르무트를 섞는' 고전적인 칵테일이며,
진 앤 잇이라는 별명으로도 자주 불린다. 고전이라는 이름에
긴장하지 말고 편하게 만들어 보도록 하자. 진이나 베르무트나 너무
많다. 기본적인 레시피는 진과 스위트 베르무트를 사용하는 것이나,
여기에 마라스키노 체리 리큐르나 큐라소, 혹은 비터를 섞어도 좋다.
소량의 드라이 베르무트를 추가로 사용하는 레시피도 유명하다.
역사적으로 기록된 최초의 마르티네즈 레시피는 '맨해튼에서
위스키를 진으로 바꾸면 된다'라고 나와 있다(1884년 발행, 《모던
바텐더》). 당시에는 저자가 그 맨하튼이 스위트 맨해튼인지 드라이
맨해튼인지를 밝히지도 않았고 어떤 진을 쓰라는 것도 밝히지
않았으나, 후대의 개정판에서는 '올드 톰 진'과 '스위트 버무스'를
사용하라고 명확히 밝혔다. 흥미로운 사실은 1884년의 판본이
나오던 당시 마르티네즈는 주로 네덜란드 스타일의 진인 예네버
진을 사용했으리라 추정된다는 것이다. '올드 톰 진'을 사용하라는
이야기는 1887년의 제리 토마스 바텐더 가이드와 그 이후의
레시피에서부터 등장한다. 하여 현대에 전해지는 '1884년의 역사적
레시피'는 올드 톰 진과 스위트 버무스를 동량으로 넣고, 2대시의
큐라소와 비터를 넣으라는 것이지만, 실제 1884년의 바에서
마르티네즈를 주문하게 될 기회가 생긴다면, 그와 꽤 다른 술이
나오게 될지도 모른다. 고전의 레시피란 대체로 그러하며, 그런고로
편하게 만들 수 있는 현대적인 레시피를 소개한다.

글라스

칵테일 글라스

재료

탱커레이 60ml, 스위트 베르무트 30ml, 마라스키노 1대시

제법

스터해서 칵테일 글라스에 담는다.

정석적인 레시피가 있지만, 빌드, 셰이크, 스터 모두 원하는 방향으로 한다.
고전은 고전으로 참고하며 자유롭고 편하게 만들어 보자.

이럴 때 좋을 한 잔

당신이 고전 덕후, 그러니까 현대적인 차원에서 아무 생각 없이 즐기기에는
살짝 난해하고 어려운, 역사적이고 계보학적인 것을 좋아한다면
마르티네즈는 재미있는 칵테일이 되어 줄 것이다. 그냥 마시기 편하고
재미있는 걸 찾는다면 그렇게 추천하지는 않는다. 마티니도 충분히
고전적인데, 그것의 조상뻘 되는 친구니까. 독하고, 쓰다.

또 다른 제법 Tip

고전적인 레시피가 있지만, 자유로운 변용을 해 보는 것도 좋다. 이를테면
유명한 데일 디그로프의 레시피는 고전적 레시피에 드라이 버무스를
추가하기도 한다. 그러면 다른 칵테일이 아니냐고? 원래 고전의 세계는
심오한 것이다.

대시

칵테일 레시피북에 자주 쓰이는 1대시는 두 방울에 해당하는 양으로, 약
1/8티스푼 정도를 의미한다.

탱커레이 No. 10
Tanqueray No. 10

진이 낼 수 있는 최대 한도의 상큼함

탱커레이 No. 10은 탱커레이 증류소의 10번 소형 증류기로
증류하는 탱커레이 런던 드라이 진의 프리미엄 라인업이다.
국내에서 시판되는 진 중에 가장 넓은 범용성을 가진 런던 드라이
진이다. 2000년에 출시되고 8개월 만에 미국에서만 7개의 메달을
획득하고, 샌프란시스코 국제 증류주 대회 최고의 증류주상을
3연속으로 수상하는 등 다양한 국제 주류 품평회에서 압도적인
수상 경력을 자랑하는 진이다. 게다가 '프리미엄'이라는 딱지가
붙은 물건치고는 가격도 상당히 합리적인 선이다. 또한 병도
예쁘다.

자몽, 라임, 오렌지 등의 다채로운 시트러스를 향신료로

사용해 만드는 탱커레이 No. 10은 다른 진들에 비해 시트러스의 상큼함이 상당히 강렬하다. 이 상큼함은 특히 차게 먹을 때 그 위세를 발휘한다. 냉동 보관한 탱커레이 No. 10이나, 거기에 토닉워터를 붓고 각종 시트러스 가니시를 올린 탱커레이 No. 10 토닉은 진이 낼 수 있는 시트러스의 상큼함을 최대 한도로 보여 준다. 그렇다고 이 진이 단지 '상큼하고 마시기 편한' 진인 것만은 아니다. 충분히 상큼하지만, 시트러스의 상큼함이 진 특유의 느낌을 해치지 않는다. 또한 여전히 탱커레이 라인업 특유의 펀치력과 자기주장을 잃지 않는 맛이다.

봄베이 사파이어처럼 편하게 마실 수도, 탱커레이 런던 드라이 진처럼 강하게 마실 수도 있으며, 진 토닉에서 마티니에 이르기까지 다양한 칵테일의 재료로도 적절하게 사용할 수 있다. 맛있는 마티니를 만드는 것은 조금 어렵지만, 맛있는 진 토닉을 만드는 것은 봄베이 사파이어를 사용하는 것만큼이나 쉽다.

아쉬운 점으로는 탱커레이 No. 10 특유의 맛을 최대한 즐기려면 역시 라임과 자몽을 위시한 다양한 시트러스계 과일이 있으면 좋은데 구하기 좀 귀찮다는 것을 꼽을 수 있다. 또한 주니퍼베리와 시트러스의 두 가지 주장이 끈적하게 얽혀 있기에 균형이 중요한 몇 가지 고전적인 칵테일의 맛을 망쳐 버릴 가능성이 있다는 것도 아쉬운 점이다.

김렛
Gimlet

필립 말로의 칵테일

추리소설가 레이먼드 챈들러의 작품 속 인물 '필립 말로'의
칵테일로 유명한 김렛이다. 1953년에 출간된 소설《기나긴
이별》에서 필립 말로는 서빙된 김렛에 대해 불평하면서, '김렛을
만들 줄 모르는군. 진짜 김렛은 진과 로즈 사의 라임주스를 반반씩
넣고, 그 외에는 아무것도 넣으면 안 되는데'라고 불평한다.
진과 라임주스라는 심플한 레시피이기 때문에 무수한 변용이
가능하다. 참고로 20세기 초의 김렛은 '진과 약간의 라임주스,
탄산수로 만드는 칵테일'이었고, 그보다 이전의 '역사적인 초창기
김렛'은 보드카와 라임주스, 탄산수로 만드는 칵테일이었다. 앞서
소개한 마르티네즈와 마찬가지로, 역사적 의미와 현대적 의미가
굉장히 다르다. 역사적으로 가장 유명한 김렛은 챈들러 스타일의
김렛이겠지만, 21세기 초 현대에서 유행하는 칵테일은 그와 또 다른,
감미를 최소화하고 진과 시트러스의 날카로움을 중심으로 하는
단단한 김렛일 것이다. 그리고 이럴 때 시트러스 향이 강한 탱커레이
No. 10은 쉽고 무난한 선택이 될 것이다. 진 대신 보드카를 넣으면
보드카 김렛이 되고, 럼이 들어가면 헤밍웨이의 칵테일, 다이키리가
된다.

글라스

칵테일 글라스

재료

탱커레이 No. 10 60ml, 라임주스 20ml, 설탕 시럽 5ml

제법

셰이크해서 칵테일 글라스에 담는다.

특유의 날카로움을 살리기 위해, 세심하게 셰이킹하는 게 좋다. 그러니까, 얼음이 다 깨지도록 너무 강하게 흔들지 말라는 이야기다. 오이 시럽이나 장미 시럽 같은 것을 많이 넣기도 하는데, 취향이 심하게 갈린다.

이럴 때 좋을 한 잔

상큼하고 달콤하면서 도수가 적당히 있는 칵테일이 필요할 때, 바로 김렛을 권한다. 달콤한 맛은 설탕의 양으로 조절할 수 있다. 하지만 현대에 와서 굳이 '달콤한 김렛'이 필요하다면 다이키리 같은 다른 친구를 만들어 보는 것도 좋다.

또 다른 제법 Tip

김렛 자체가 가지는 날카롭고 깔끔한 이미지를 살리기 위해, 셰이크를 할 때 아무래도 최대한 물이 적게 나오는 쪽이 좋다. 얼음을 덜 녹이는 것이다. 셰이크를 살살 잡는 쪽이 편하고(만약 당신이 셰이크의 달인이라면 이야기가 여러 가지로 달라지겠지만 이 책은 달인들만을 위한 책은 아니다), 미리 냉동고에 얼려 둔 진과 잔을 사용하는 게 편하다.

비피터
Beefeater

가장 런던 드라이 진 같은 런던 드라이 진

런던 타워의 경비병을 뜻하는 비피터 'beef-eater'는 런던의 혼이 실린 술이라 할 수 있다. 엠블럼으로 경비병을 사용하는 비피터 진은 여전히 런던에서 증류되며(현재 런던에는 5개의 증류소만이 운영되고 있으며, 비피터 진은 당당하게 그중 한 자리를 차지하고 있다), 병의 옆면에는 'Made in London'이라는 글자가 아름답게 양각되어 있다. 다양한 런던 드라이 진들 가운데, 가장 런던 드라이 진 같은 느낌이다.

　비피터는 영국 요리의 악명과는 전혀 관련 없는 훌륭한 맛을 지니고 있다. 그 명성에 걸맞게, 이 진은 고전적이고 안정적인 '진의 맛'을 지니고 있다. 충분한 송진 향에 다채로운 향신료의 향이 품격 있는 조화를 이루어 낸다. 비피터는 주니퍼, 안젤리카 뿌리, 안젤리카 씨, 코리안더, 감초, 아몬드, 오리스, 세비야 오렌지, 레몬 껍질을 넣고 24시간이라는 상대적으로 긴 시간의 증류를 거쳐 만들어진다. 송진의 향이 지나치지 않으며, 마시고 난 뒤에 길게 남는 오렌지 향의 여운은 기묘한 우울감을 자아낸다. 이 여운은 처음 이런저런 칵테일을 시도해 보는 사람들의 마음에도 기묘한 슬픔을 자아낸다. '아, 맛이 좀 애매한데.'

꽤 많은 사람들이 비피터를 런던 드라이 진의 대표작으로 꼽으며, 전통적인 진 기주의 칵테일과 어울린다고 평가한다. 동의한다. 하지만 비피터로 '충분히 맛있는 걸 만드는 일'은 역시 쉬운 일이 아니다. 그냥 마실 때는 완전한 조화를 보여 주지만, 섞기 시작하면 다양한 맛의 요소들이 불쑥불쑥 고개를 쳐든다. 잘못 만든 비피터 진 토닉은 맹물 맛이 나며, 잘못 만든 비피터 마티니는 땡감과 오렌지를 섞은 소주의 맛이 난다. 비피터의 다채로운 맛의 층위들에 익숙해지기 전까지는 쉽게 좋은 결과를 보기 힘들다. 하지만 뭐, 그냥 마시자면 무슨 짓을 해도 맛있다. 얼려 먹어도 맛있고 상온에 먹어도 맛있고 고기랑 먹어도 맛있고 회랑 먹어도 맛있다.

마티니
Martini

그래요, 그 마티니입니다

칵테일의 왕, 마티니다. 칵테일이나 술에 별 관심이 없는
사람이라도 마티니라는 이름 정도는 들어 보았을 것이다. 그리고
슬프게도 유명세에 비해 결코 친절하지도 대중적이지도 않은
칵테일이기에(쓰고, 독하고, 화려하다), 많은 바텐더들과 술꾼을
좌절로 몰아넣는 술일 것이다. 태어나 처음 주문해 마셔 본 칵테일이
마티니라는 건, 태어나 처음 마셔 본 위스키가 아일레이 위스키인
것과 비슷하게, 트라우마적인 경험으로 남게 될 것이다(그러니
바텐더를 신뢰하고, 바텐더가 추천하는 칵테일이나 위스키로 천천히 술에
입문하도록 하자). 워낙에 유명한 술인지라 모두가 한마디씩 얹을
술이며, 별의별 에피소드와 진위와 근원을 알 수 없는 이야기들이
많다. 이에 대해 다 이야기하자면 '마티니 도시 전설'이라는
시리즈물을 만들 수도 있을 것이다. 단지 마티니에 얽힌 '이야기'뿐
아니라, 마티니라는 술에 대한 음료학적 접근도 역시 다양하다.
냉동한 잔을 짧게 스터해서 내는 것에서, 베르무트를 디캔팅한다는
느낌으로 상온의 진에 오버스터를 해서 만드는 마티니까지. 또한
어떤 스타일의 진을 사용하면 좋은지에 대한 이야기도 많다.

글라스

칵테일 글라스

재료

비피터 80ml, 베르무트 10ml

제법

스터해서 칵테일 글라스에 담는다.

완성된 칵테일 위에 레몬 필을 살짝 치고, 올리브를 따로 두고 먹자. 넣어서 먹으면 올리브의 기름이 섞인다. 뭐, 그것도 매력이겠지만.

이럴 때 좋을 한 잔

칵테일 하면 역시 마티니 아닌가. 폼을 잡고 싶거나 마음이 무거울 때 만들어 보자. 방금 사직서를 내고 돌아왔다거나, 십몇 년 사귄 애인에게 차이고 오는 길이라거나, 여러 가지로 무겁고 터프한 기분을 위로해 주기 좋은 칵테일이다.

또 다른 제법 Tip

애초에 진이 주인공이 되는 칵테일이기에, 무슨 진을 쓰느냐가 상당히 중요한 문제가 된다. 재료가 적게 사용될수록, 기법이 단순해질수록, 잘 만들기가 어렵다. 아무래도 그냥 진 맛이 나는 비피터로 만드는 쪽이 초심자가 무난하게 먹을 수 있는 마티니를 만들 수 있게 하지만(물론 40도의 낮은 도수가 가끔 발목을 잡고는 한다), 다른 것들도 열심히 도전해 보면서 내 입맛에 맛있는 맛을 잘 찾아보자.

비피터 24
Beefeater 24

조금 더 생동감 있는 균형감

2009년에 출시된 비피터의 '슈퍼 프리미엄 라인업'으로, 기존의
비피터가 사용하는 다양한 향신료에 녹차 중 센차를 추가로
넣어 만든 술이다. 탱커레이 No. 10과 마찬가지로, '슈퍼
프리미엄'이라는 단어의 무게감과 화려한 보틀 디자인과 달리,
가격도 꽤 적절하다.

　　균형의 명가 비피터답게, 전체적인 향미가 상당히 고르다. 진
고유의 주니퍼베리-시트러스의 향과 각종 '전통적인' 향신료의
향, 그리고 비피터 24의 성격이라 할 수 있는 '동양적인 차의
향'이 아름다운 조화를 이루고 있다. 비피터 24의 홈페이지
대문에는 '이국적인 차가 주는 영감'이라 적혀 있고, 비피터 24의

병 앞면에는 '전통적인 런던 진'이라고 쓰여 있다. 비피터 24는 '이국적'이라는 단어와 '전통적'이라는 모순적인 단어가 같은 브랜드를 설명하고 있다 하더라도 아무런 모순이 느껴지지 않을 정도로 훌륭한 조화를 이룬 진이다. 그렇다고 개성이 없는 것도 아니다. 우리가 '차'를 떠올릴 때 생각나는 차 향과 싱그러운 느낌이 진에 다채로운 생동감을 부여한다. 게다가 병 디자인도 예쁘다.

전체적으로 비피터처럼 마시면 되지만, 어쩌면 더 마시기 쉬울 수도 있겠다. 비피터 특유의 약간은 지나치다 싶은 완벽주의적 균형감을 조금 더 생동감 있는 균형감으로 바꾼 듯한 느낌이다. 다른 진으로 시도했던 진 칵테일이나 마리아주mariage에 실패했다면 비피터 24를 써 보자. 무엇이든, 일반적으로 좋은 결과가 나올 것이다.

탱커레이 No. 10과 비슷한 시기(10년이란 시간은 300년의 역사에서 별 것이 아니다)에 출시되었다. 안 그래도 기존의 탱커레이와 비피터의 기묘한 라이벌 브랜드 구도에서 새로 출시된 각자의 '프리미엄' 라인업이라는 점에서 꽤 많은 사람들이 엮어서 생각하기를 좋아하는 것 같다(실제로 비피터 24의 시음기를 찾다 보면 탱커레이 No. 10과 비교한 글이 많이 보인다). 펀치력과 화려함의 탱커레이, 조화와 균형의 비피터만큼이나 훌륭한 라이벌이라고 생각한다. 흥미로운 것은 펀치력의 탱커레이는 좀 더 편한 탱커레이 No. 10을 프리미엄 버전으로 출시했고, 균형의 비피터는 좀 더 화려하고 다채로운 비피터 24를 출시했다는 점이다.

진 피즈
Gin Fizz

바람처럼 상쾌하고 상큼한

진 토닉과 함께 진으로 만든 하이볼 칵테일의 양대 산맥을 이루는
진 피즈다. 진 토닉보다 살짝 만들기 귀찮고 잘 만들기도 어려우며,
맛은 취향을 심하게 탄다. 진, 레몬주스, 설탕이 재료의 전부이기에
맛이 굉장히 심플하다. 과일 다루기, 셰이크, 탄산수 다루기, 빌드,
얼음 다루기 등의 칵테일 조주의 다양한 기술들이 동원되며,
재료의 종류는 적고 맛은 깔끔하다. 모든 장르에 하나씩 존재하는
영자팔법 같은 제법이 쓰이는 칵테일이며, 그렇기에 제대로 맛을
내기 위해서는 꽤 신경 쓰이는 칵테일이다. 그리고 그런 이유로 아주
고전적인 진보다는 자기주장이 강한 현대적인 진(그러니까 비피터 24
같은 것)을 사용하는 쪽이 먹기 편한 맛을 내기 좋다.

글라스
하이볼 글라스

재료
비피터 24 45ml, 레몬주스 20ml, 설탕 2스푼, 탄산수 70ml

제법
탄산수를 제외한 재료들을 셰이크한 후 하이볼 글라스에 담고 탄산수를
넣는다.
집에서 만들어 보고 가장 많이 좌절하는 칵테일 중 하나다. 앞서 말했듯
다양한 기본기와 절묘한 균형이 필요한, 원래 어려운 칵테일이니 맛이
없어도 너무 실망하지 말자.

이럴 때 좋을 한 잔

만화 〈바텐더〉에서도 등장하고 여기서도 이야기했듯, 칵테일 제조의
다채로운 기술들이 모두 들어가는 칵테일이다. 전반적인 연습을 위해서
만들어 보는 것도 좋다. 뭐, 맛의 차원에서는 진 토닉이 지겨울 때 만들어 볼
수도 있겠다.

또 다른 제법 Tip

칵테일 클래스에서 가장 자주 다뤄지는 칵테일 중 하나일 것이고, 집에서
만들어 보고 가장 많이 좌절하는 칵테일 중 하나일 것이다. 앞서 말했듯
다양한 기본기와 절묘한 균형이 필요한, 원래 어려운 칵테일이니 처음부터
맛을 잘 낼 수 없다고 너무 실망하지 말자.

봄베이 사파이어
Bombay Sapphire

편하지만 단순하지 않고 흥미로운

술에 대한 책을 산 당신이라면 분명이 어디에선가 이 술병을 한 번쯤은 보았을 것이다. 한국에서 가장 대중적이고 유명한 진, 봄베이 사파이어다. 아름다운 병의 빛깔 덕에 몇몇 술꾼들에게 '이거 다 디자인빨 마케팅빨이지, 술은 별로야'라고 저평가되기도 하나, 그렇게 단순한 술은 아니다. 한국에 수입되는 봄베이 진은 47도로, 일반적인 증류주 기준으로 결코 가볍지 않은 도수다.

　　그러나 그 도수를 쉽게 느낄 수 없을 정도로 화려하고 달콤한 맛을 자랑한다. 10종류의 다채로운 향신료를 사용하며, '카터헤드 증류기'라는 특수한 형태의 증류기를 통해 향신료의 향을 최대한 추출하여 만든 봄베이 사파이어는 구할 수 있는 진들 중에서 가장 마시기 '편한' 진이다. 물론 '마시기 편한 진'이기에 개성적인 향미를 선호하는 술꾼들에게는 어필하지 못하는 부분이 있다. 굳이 진(향이 강한 독주)을 마시기로 한 상황에서 편한 술을 고를 이유가 없으니 말이다.

실제로 봄베이 사파이어는 다양한 국제 주류 품평회나 해외의 전문 주류 평론가들에게 상대적으로 낮게 평가되는 술이다. 진 특유의 송진 향이 매우 약하며, 상대적으로 다른 향신료의 향들이 강하게 느껴진다. 사용되는 향신료의 느낌도 진의 성격을 구성한다기보다는 알코올의 냄새를 지우고 술을 달달하게 만들어 주는 역할을 담당한다.

하지만 바로 이러한 약점들이 모여 멋진 진 토닉을 만들어 낸다. 특유의 달달함은 편하게 진의 맛을 느껴 볼 수 있는 진 토닉을 '더욱 마시기 편한' 진 토닉으로 바꾸어 주며, 조금 과하지 않나 싶은 향신료의 향미는 토닉워터의 탄산에 자연스럽게 섞여 올라와 코를 자극한다. 게다가, 도수도 다른 진들에 비해 높다. 간단하게 한두 잔 마시는 것으로도 다른 진들에 비해 쉽고 빠르고 (싸게) 행복해질 수 있다. 진 토닉 외의 다른 칵테일에서의 범용성도 결코 뒤지지 않는다. 상대적으로 약한 송진 향과 강한 달콤함은 클래식한 진 칵테일을 만드는 데는 안 어울릴지 몰라도, 상대적으로 높은 도수와 복잡한 향은 클래식하면서도 현대적인 칵테일을 유쾌하게 만드는 데 상당히 흥미로운 변수가 된다.

진 토닉
Gin Tonic

대충 진에 토닉만 섞어도 맛있다

세상에서 가장 완벽한 음료를 하나만 꼽으라면 역시 진 토닉이
아닐까. 딱히 유래와 이름의 의미를 설명할 이유가 없을, 칵테일의
대표주자 진 토닉이다. 봄베이 사파이어의 대유행은 좀 지난 것
같지만, 역시 편한 느낌의 진 토닉을 원한다면 봄베이 사파이어를
사용하는 것이 좋다. 물론 탱커레이 No. 10 토닉의 상큼함도
훌륭하며, 헨드릭스의 '완전히 다른 스타일'의 오이 진 토닉도
아름답다. 하지만 편안한 달콤함과 화려한 향신료의 향, 그리고 그
모든 것에 활기를 부여하는 주니퍼베리의 향이 은은하게 퍼지는
봄베이 사파이어 진 토닉만큼 '모두를 편안하게 만족시키는 진
토닉'은 없으리라고 생각한다.

뭐, 필자는 라임을 반으로 썰어서 얼음을 아래에 깔고 만드는
탱커레이 토닉 쪽을 선호하지만 그건 어디까지나 필자가 선호하는
것이고. 소위 '레일 리큐르 혹은 막술'이라고 불리는 초저가의
브랜드(장군님이라거나 실버용이라거나 하는 친구들)만 아니면 뭘 어느
비율로 어떻게 섞어도 맛있다.

글라스
하이볼 글라스

재료
봄베이 사파이어 45ml, 토닉워터 100ml

제법
얼음을 넣고. 진을 넣고, 토닉워터를 붓는다. 레몬 필이든 로즈마리든 레몬

껍질이든, 원하는 향을 내는 걸 얹는다.

한국에서도 나름대로 다양한 토닉워터를 구할 수 있으니 다양한 진과 토닉워터를 찾아보도록 하자.

이럴 때 좋을 한 잔

그냥 만들어 마시면 좋은 칵테일이다. 오늘도 좋고 내일도 좋다. 역사상 가장 완벽한 조합을 보인다. 진 반 토닉워터 반을 부어도 좋고, 토닉워터에 진 반 온스 정도를 올려도 좋다. 운전을 하기 전이 아니라면 언제든 만들어서 마셔도 좋다.

또 다른 제법 Tip

탄산감을 죽이지 않고 충분히 시원하다면 어떻게 만들어도 나쁘지 않다. 즉, 토닉워터를 충분히 차갑게 보관하자. 그렇다고 해서 진을 지나친 수준으로 냉동 보관하는 것은 별로 추천하지 않는다. 냉동한 진의 향이 풀리며 살짝 불쾌한 알코올 향이 올라오는 경우도 있다. 잔 정도는 냉동 보관해도 좋다.

온스

칵테일 레시피북을 보다 보면 '온스'라는 단위를 자주 보게 된다. 무게 단위로도 사용되고 부피 단위로도 사용되는데, 레시피북에서 사용되는 단위는 부피 단위로 영국 단위계에서로 28ml, 미국 단위계에서 30ml를 의미하며 한국에서는 보통 미국 단위 30ml를 의미한다.

고든스
Gordon's

단순하지만 묵직하고 단단한

250년이라는 긴 역사를 지닌 고든스 진은 세계에서도, 진의 고향 영국에서도 가장 잘 팔리는 런던 드라이 진이다. 이로써 우리는 무언가를 만들어 팔 때에는 일단 싸게 팔아야 한다는 역사의 준엄한 법칙을 배울 수 있다. 국내가도 다른 진들에 비해 저렴하며, 세계적으로는 좀 더 싸다.

하지만 가격이 전부가 아니다. 250년간 비밀로 지켜 온, 세계에서 단 12명만이 정확한 레시피를 알고 있다는 묵직한 역사가 깃든 특유의 맛이야말로 고든스의 진정한 힘이다. 고든스 진의 창시자 알렉산더 고든이 1769년 레시피를 확립한 이래로, 고든스 증류소는 단 한 번도 레시피를 바꾸지 않았다.

스코틀랜드의 의지와 레시피는 250년의 역사를 버텨 왔지만, 실제 고든스의 맛과 알코올 도수는 약간 바뀌었다. 1953년에 출간된 소설 《카지노 로얄》에서 제임스 본드는 바텐더에게 마티니 한 잔을 주문한다. '드라이 마티니. 샴페인 고블릿에 한 잔. 잠깐. 고든스 3온스에 보드카 1온스, 그리고 키나 릴렛 1/2온스를 넣고 얼음처럼 차가워질 때까지 셰이크한 다음에 길고 얇은 레몬 껍질을 넣어 주면 되겠군.' 이것이 그 유명한 '젓지 말고 흔들어서' 만드는 본드 마티니의 시작이다. 문제라면, 키나 릴렛은 1986년에 단종되었고, 그 시절 보드카는 50도에 가까웠으며, 고든스는 40도로 도수가 낮아졌다. 알렉산더 고든의 의지와 레시피, 명성과 품질은 그대로지만, 도수는 조금 낮아진 것이다.

　　고든스는 단순하고 묵직하고 단단하며 전통적이다. 주니퍼베리 특유의 송진 향이 충만하고, 시트러스를 비롯한 다른 향신료의 향은 자기주장을 한다기보다는 진 특유의 느낌을 보조한다. 전체적으로 알코올 자체의 향이 강렬하다. '달지 않은 진'을 전면에 내세우고 있지만, 다른 향이 적은 탓에 곡물 증류주 특유의 약간의 단맛이 느껴진다. 화려하거나 섬세한 향을 원하는 사람들에게는 추천하기 애매하다. 무거운 균형감이 필요한 칵테일에 두루두루 어울리며, 특히 '겨울의 진'으로 유명하다. 선 굵은 작품으로 유명한 어니스트 헤밍웨이도 고든스 진을 사랑했다. 그는 고든스가 '그 모든 마음과 몸의 상처를 지져 주고, 달래 주고, 치료해 준다'고 표현했다.

네그로니
Negroni

균형감이 뛰어난 네그로니

1919년, 이탈리아의 백작 카밀로 네그로니는 피렌체에 있는 카페 카소니의 바텐더 포스코 스카셀리에게 베르무트와 캄파리에 탄산수로 만드는 고전 칵테일 '아메리카노'의 변종을 주문했다. 백작은 소다를 빼고 진을 넣어 달라고 했고, 바텐더는 거기에 오렌지를 추가했다. 이렇게 해서 탄생한 것이 네그로니다. 쌉싸름한 빨간색 술과 오렌지로 이루어진 지중해의 칵테일 술이다. 쌉싸름하고 화려하며 기력과 입맛을 돋게 하는, 상당한 수준의 균형을 갖춘 대표적인 식전주 칵테일인 '네그로니'는 고전적인 얼굴과 현대적인 얼굴을 두루 갖추고 있다. 고든스의 특징은 '무거운 균형감'이다. 네그로니를 비롯해 고전적인 느낌의 칵테일을 만들 때 확실한 고전성을 담보해 주며, 가볍고 상큼한 현대적인 칵테일을 만들 때 안정감을 더해 준다. 진 대신 '실수sbagliato'로 스푸만테나 샴페인을 넣으면 '실수로 만든 네그로니negroni sbagliato'라는 훌륭한 현대 칵테일이 탄생한다. 샴페인이 남으면 만들어 보는 것도 좋으리라.

글라스

올드 패션드 글라스

재료

고든스 30ml, 스위트 베르무트 30ml, 캄파리 30ml

제법

올드 패션드 글라스에 얼음을 채우고, 재료를 모두 넣고 충분히 오래 섞는다.
오렌지 슬라이스나 필로 장식하자.

이럴 때 좋을 한 잔

사실 필자가 가장 좋아하는 칵테일이라 언제 마셔도 무방하다고 생각한다.
기쁠 때나 슬플 때나 힘들 때나 즐거울 때나. 아마 당신도 그럴 것이다.

또 다른 제법 Tip

칵테일을 다루는 많은 만화나 영화들이 '얼음이 녹지 않는 것'을 중시하는데,
실제로는 '얼음이 덜 녹는 게' 항상 좋은 건 아니다. 베르무트가 많이
들어가는 칵테일이 특히 그렇다. 물이 조금 녹고, 재료들이 충분히 섞였다
싶을 때까지 충분히 젓는 쪽이 스푼 네다섯 번 돌리고 끝내는 쪽보다 낫다.
믹싱 글라스에 작은 얼음을 넣어 충분히 녹인 후, 이후의 보존성을 위해 큰
얼음 하나가 담긴 잔에 담아도 좋다.

헨드릭스
Hendrick's

까다롭고 어딘가 확실히 다른

1999년 출시됐을 때부터 '유니크한 진'을 정체성으로 삼은
헨드릭스는 여러모로 특이한 진이다. 일단 병 디자인만 봐도
기존의 런던 드라이 진과 콘셉트가 다르고, 슬프게도 가격도 좀
다르다. 주니퍼베리의 송진 향이 상당히 약한 진이지만, 그렇다고
'마시기 편한' 친절한 진도 아니다. 병의 디자인처럼 묵직하며
무뚝뚝하며, 정제된 화려함을 자랑한다.

    헨드릭스는 이 책에서 소개하는 진 중에서 가장 유니크한
향미를 지녔다. 헨드릭스는 다마스쿠스 장미와 오이로 향을 낸다.
이 두 재료는 다른 진에 잘 사용되지 않는다. 또한 헨드릭스는 장미
향과 오이 향과 함께 약간의 수박 비슷한 향이 난다. 헨드릭스도

일부 증류 과정을 봄베이 사파이어와 같은 카터헤드 증류기로 진행하는데, 향신료 향이 전반적으로 강한 편이다. 오이 향은 오이 알러지가 있거나 오이를 잘 못 먹는다면 크게 꺼려질 정도로 강하며(주니퍼베리의 송진 향보다 오이 향이 강하다고 느끼는 사람이 있을 정도다), 명확한 장미 향이 느껴진다. 전체적으로는 달콤한 채소나 수박과 유사한 느낌이 난다.

처음 마셨을 때는 봄베이 사파이어와 유사하다고 생각했는데, 아주 틀린 건 아니었다고 생각한다. 송진 향이 약한 반면 향신료 향이 강하게 치고 올라오며, 진치고 제법 달콤하다. 비피터만큼 예민하고 까다롭다. 온도에 따른 향의 발산도 다른 진과 굉장히 다른 느낌이다. 물론 편하게 마시는 방법은 있다. 닥치는 대로 오이와 장미를 넣으면 된다. 잔에 얼음을 채우고 헨드릭스를 붓고 오이를 썰어 넣고 장미 꽃잎이나 꽃차를 띄운다. 혹은 마티니를 만들어 장미와 오이로 장식한다. 혹은 진 토닉을 만들고 레몬 대신 오이를 넣는다(가장 유명한 방식이다). 김렛에 오이 시럽과 장미 시럽으로 향을 낸다.

자몽 같은 떫은 과일도 잘 어울리며, 포도나 수박 같은 과일과의 조합도 나쁘지 않다. 편하게 구할 수 있는 진 중에 가장 식물 느낌이 강한 편이기에, 대부분의 과일 혹은 채소류와 상당히 잘 어울린다. 조합에 따라 (그리고 취향에 따라) 봄베이 사파이어보다 편하고 시원하게 마실 수 있다. 다만 역시 오이와 장미의 느낌을 좋아하지 않는다면 추천하기 까다로운 술이다.

알래스카
Alaska

차갑게 화려한 클래식

'에메랄드 마티니'라는 별명을 가진 칵테일, 알래스카다. 이름의
유래는 확실치 않지만, 레시피의 유래는 확실하다. 알래스카는
유명한 칵테일 책인 《사보이 칵테일 북》에서 처음으로 등장한
창작 칵테일이다. 원래의 레시피는 전통적이며 너무 튀지 않는
진(비피터)을 추천하지만, 진과 진을 기주로 한 칵테일이 주는
강렬한 화려함을 체험해 보고 싶다면 헨드릭스를 사용하는 것도
재미있을 것이다. 가니시도 굳이 레몬 껍질을 고집할 필요는 없다.
민트나 체리, 재스민, 장미 등의 좀 더 화려한 향을 내는 가니시를
사용해 보자. 이미 헨드릭스가 들어간 순간, 화려함으로 승부를 보는
쪽이 재미있을 것이다. 무슨 허브를 넣어도 맛의 규격에서 크게
틀어지지는 않을 것이다. 부재료인 옐로 샤르트뢰즈에는 131종류의
허브와 스파이스가 들어가니까. 화려함을 추가하는 차원에서,
약간의 셰리 와인을 뿌려도 좋다.

글라스
칵테일 글라스

재료
헨드릭스 60ml, 옐로 샤르트뢰즈 30ml, 오렌지 비터 1대시

제법
스터해서 칵테일 글라스에 담고, 민트 같은 약간의 허브로 장식해 보자.
가끔은 너무 고전적으로 맛이 꽉 짜여진 게 아닌가 하는 생각이 드는데, 이럴
때는 토닉워터를 부어 먹자.

이럴 때 좋을 한 잔

'샤프란 리큐르'라는 말에 혹해서 샤르트뢰즈를 샀고, 과연 꽤 맛있어서
그냥도 마시고 토닉워터도 넣어 마시다가 그게 조금 지겨워졌을 때, 혹은
향미가 폭발하는 독한 술이 필요할 때 마시면 좋다. 기주로 사용되는
진이나 재료로 사용되는 샤르트뢰즈나 기본적으로 굉장한 향미를 자랑하는
술이니까.

또 다른 제법 Tip

옐로 샤르트뢰즈 대신 그린 샤르트뢰즈를 넣으면 그린 알래스카가 된다.
그린 샤르트뢰즈 쪽이 좀 더 독하고 향이 강하고 비싼데, 애초에 옐로
샤르트뢰즈도 독하고 향이 강하고 비싼 친구다.

보드카
Vodka

보드카란?

보드카는 정체가 없는 술이다. 재료와 제조 기법으로 명쾌하게 정의 가능한 위스키나 브랜디, '주니퍼베리'라는 맛의 기준을 통해 정의가 가능한 진과 달리, 보드카를 명확하게 정의하는 것은 불가능하다. 주변의 술꾼을 붙잡고 위스키나 진이나 브랜디나 럼에 대해 물어보면 아마 그는 대충, 혹은 자세하게 무엇인가를 설명하려고 노력해 볼 것이다. 하지만 보드카는 어떠한가. 술 좀 마시는 친구를 붙잡고 '보드카가 뭐야?'라고 물어보자. '응, 그거 러시아 독한 술' 이상의 설명을 듣기 힘들 것이다.

'러시아의 독한 술'이 어떤 술에 대한 명확한 정의가 되기는 힘들 것이다. 인터넷을 검색해 봐도 딱히 명확한 정의를 찾을 수가 없다. 위키피디아의 보드카 항목 첫 줄은 '보드카는 물과 알코올로 이루어진 증류주로, 가끔 맛을 내기 위해 다른 성분을 섞기도 한다'이다. 장난하냐. 위스키도 물과 알코올로 이루어진 증류주고, 진도 마찬가지다. 안동 소주나 화요 같은 증류식 소주도 물과 알코올로 이루어진 증류주다. 보드카의 역사적 근원을 살펴보아도 딱히 그 이상의 명확한 설명을 찾기는 힘들다. 8세기경 증류기가 발명된 이래로, 폴란드와 러시아에서 곡물 발효주를 증류해 마셨다는 정도의 설명을 찾을 수 있으나 역사와 관련한 구체적인 사료도 적다.

하지만 명확하게 정의 내리기 어렵다고 해서 그게 존재하지 않는 것은 아니다. 사랑이나 삶처럼 세상에 존재하는 대부분의 중요한 것들은 명확한 정의가 불가능한 어떤 것이다. 보드카는 그런 술이다. 밀, 옥수수, 감자 등의 재료에서 전분을 뽑아내 알코올로 발효 후 이를 증류해 만들어지며, 40도로 병입되어 판매된다. 96도짜리 스피리터스를 위시로 한 고도수 보드카도 존재한다. 기본적으로 무색 무미 무취를 향미의 특징으로 한다. 복숭아나 사과 같은 과일 향이 들어간 스미노프 플레이버 시리즈나 앱솔루트 플레이버 시리즈도 보드카다. 별다른 특징이 없는, 그리고 위스키, 진, 브랜디, 럼과 같은 구체적인 분류에 속하지 않는 고도수 증류주를 보통 보드카로 통칭한다. 밀 보드카의 경우, 빵이나 밀가루 음식에서 나는 밀 특유의 끈적하고 부드러운 단맛이 강한 편이며, 그 외의 보드카는 그냥 알코올 맛이 난다. 소주의 맛에서 과장된 쓴맛과 과장된 단맛을 뺀 맛이라고 생각하면 쉽다.

주기율표를 발명한 유명한 화학자 드미트리 멘델레예프가 화학 연구를 바탕으로 '가장 마시기 적합한 도수'를 40도라고 발표하고 선언했기 때문에 보드카의 도수가 40도가 되었다는 재미있는 이야기가 떠도는데, 완전한 헛소문이다. 몇몇 신뢰할 수 없는 술 관련 서적들과 웹사이트가 이러한 잘못된 내용을 바탕으로 '멘델레예프가 화학 연구를 바탕으로 가장 적합한 증류주의 도수를 40도로 정했기에 진이든 럼이든 위스키든 브랜디든 40도가 된 것이다'라는 이야기를 하기도 한다. 신실한 독자들은 싸구려 정보를 믿지 말고 당신의 돈을 투자한 이 책을 믿도록 하자. 멘델레예프의 학위 논문이 물과 알코올의 결합에 대해 다룬 것은 사실이고, 그가 러시아의 주류세 관련 부서에서 책임자로 근무한 것도 사실이지만(그리고 아마 이것이 그 모든 도시 전설의 시작이었을 것이다), 멘델레예프가 아홉 살이던 1843년에 이미 러시아의 보드카 도수는 40도로 지정되었다. 대부분의 술에 대한 법령들이 그렇듯이, 이는 과학적이거나 예술적인 고려를 통해 이루어진 것이 아니라 다분히 행정 편의적 발상에서 세금을 매기기 위해 선언된 것이다. 설령 과학적 고려가 있었다 하더라도 아홉 살짜리 과학 소년에게 보드카의 도수에 대해 물어보지는 않았을 것이다. 자세한 내용은 러시아의 일간지 〈프라우다〉 영문판에 실려 있으니, 멘델레예프와 보드카에 대해 관심 있는 독자라면 찾아보도록 하자.

보드카의 음용

보드카의 고향인 동유럽과 러시아의 전통적인 보드카 음용 방법은
상온의 스트레이트로 마시는 것이다. 하지만 저 추운 나라의
상온과 한국의 상온은 많이 다르기에, 한국에서 보드카를 '제대로'
마시고 싶다면 상온보다는 차게 해서 먹는 쪽이 좋다. 위스키와
브랜디 같은 향이 강렬한 증류주는 상온 내지는 데워서 마시는
쪽이 향 전체를 느끼는 데 좋고(물론 온더락은 그 나름의 맛이 있지만),
보드카나 소주같이 '독한 술이지만 편하고 시원하게' 마실 술은
차갑게 마시는 쪽이 잘 넘어간다.

소주와 맛의 계열이 전반적으로 비슷하며(덜 쏘고 덜 달콤한
소주를 생각하면 되지만 도수는 두 배), 가격도 다른 증류주에 비해
싼 편이다. 대부분의 편의점이나 대형 마트에 진열되어 있으며,
쉽게 구할 수 있는 음료(주스, 커피, 콜라, 토닉워터, 사이다 등)에 그냥
대충 섞어도 편하게 마실 수 있다. 편한 술이니 원하는 방식으로
원하는 것에 섞어서 원하는 안주와 마시면 된다. 그야말로
증류주의 원형에 가까운 술이니까. 물론 보드카의 브랜드마다
미묘하고 강렬한 맛의 차이가 존재하기는 하지만, 그래도 다른
술에 비해 실수할 가능성이 적다. 그렇기에 '친구들이랑 놀러
가는 데 술 뭐 사면 좋을까요?' 혹은 '술 못 먹는 사람도 있고 잘
먹는 사람도 있는데 뭘 사면 좋을까요?' 하는 질문을 들을 때

필자는 주로 보드카를 추천한다. 위스키는 술 자체를 싫어하는 사람들에게 기본적으로 괴로운 술이며, 무엇에 섞어도 특유의 위스키 향이 남는다. 진은 취향에 맞지 않으면 도저히 먹을 수 없고, 브랜디는 (이런 상황에서) 위스키의 상위호환이 될 수 있으나 가격이 문제다. 이럴 때 보드카가 출동하면 어떨까. 한 병의 술과 약간의 부재료로 모든 것이 해결된다. 술의 독한 맛을 좋아하는 사람은 그냥 스트레이트로 마시고, 편하게 분위기를 즐기며 적당히 가볍게 취하고 싶은 사람은 토닉워터나 주스를 섞어 마시면 된다. 고기를 구워 먹는 자리에도 어울리고 생선회에 먹어도 어울린다. 먹고 난 이튿날 숙취도 도수에 비해 상당히 약한 편이다. 물론 맛 자체가 가진 섬세함이나 화려함은 다른 독주에 비해 떨어지기에 술 자체의 맛을 '감상하면서' 천천히 마시기에는 조금 아쉽다. 이런 상황에서는 프리미엄 보드카가 도움이 될 것이다.

칵테일 측면에서도 보드카는 참 편하다. 우리 모두 '보드카 크랜베리'라고 부르는 케이프 코더(엄연히 이름이 있는 칵테일) 같은 심플한 칵테일에서부터 베스퍼 마티니처럼 섬세하고 독한 칵테일에 이르기까지, 보드카 칵테일은 진 칵테일만큼이나 다양하다. 보드카에 다른 술 혹은 음료를 섞은 것은 대부분 고유의 이름을 가진 칵테일로 이미 존재하고 있을 정도로 말이다.

개인적으로 보드카 칵테일의 맛의 섬세함은 진 칵테일에 비해 조금 모자라다고 생각하지만, 범용성과 편안함은 진 칵테일에 뒤지지 않는다. 순수한 알코올 맛이기에, 무엇과 섞어도 예상치 못한 기이한 맛이나 애매한 느낌이 나지 않는다. '이 칵테일의 스타일을 유지하면서 도수를 조금 올리고 싶어' 같은 상황에서 가장 쉽게 생각할 수 있는 것이 바로 보드카이며, 훌륭한 고전 칵테일의 다양하고 편안한 변용을 가능하게 하는 것이 바로 보드카다.

스미노프 레드
Smirnoff Red

러시아 술이지만 러시아 술이 아닌

1860년대, 표트르 아르세니에비치 스미노프가 모스크바에
'PA Smirnov'라는 이름의 보드카 증류소를 설립했다. 그것이
'전 세계에서 가장 많이 팔리는 증류주'인 스미노프 보드카의
시작이다. 하지만 우리가 지금 마시는 스미노프는 표트르
아르세니에비치 스미노프와 아무 상관이 없다. '러시아 혁명기
스미노프 가문이 탄압을 피해 미국으로 건너가 정통 러시아
보드카로 미국의 입맛을 사로잡았다. 이 얼마나 아이러니한가'라는
소설 같은 이야기도 있지만 소설 같은 이야기가 흔히 그렇듯이
소설이 맞다. 현실은 좀 더 복잡하고 더 많이 슬프다.

러시아 혁명 이전 차르가 스미노프 증류소를 국유화했다.

혁명이 발발하고 스미노프 가문은 우크라이나의 르부프 지방으로 도피해 프랑스식 표기인 'Smirnoff'라는 이름의 증류소를 개장했다. 1930년대, 제정 러시아 시절 스미노프 증류소에 원료를 공급하던 루돌프 쿠넷이 스미노프 가문으로부터 '스미노프' 판권을 샀다. 이렇게 스미노프는 스미노프 가문의 손을 떠나 원료를 납품하던 사업가의 손에 들어갔다. 하지만 쿠넷은 5년 만에 보드카 사업을 말아먹고 단돈 만 사천 달러에 스미노프를 식품기업 휴블레인에 넘겼다. 휴블레인은 RJR에 합병되고, RJR은 스미노프를 그랜드 메트로폴리탄에 넘기고, 그랜드 메트로폴리탄은 기네스와 합병해 디아지오를 만들었다. 어떤 의미에서 '러시아'와는 하등 상관도 없는 이 보드카는 1990년 독일 통일 직후 동독에 주둔하던 소련군 사이에서 대유행하며 러시아 시장을 장악하고, 이윽고 세계 시장의 지배자가 되었다. 이 성공의 시기에, 표트르 스미노프의 후손이 '리얼 스미노프'를 표방한 보드카를 만들고 무수한 소송이 일어났다. 그리고 디아지오가 소송에서 승리했다.

결국 지금의 스미노프는 러시아와도, 스미노프 가문과도 아무 상관이 없다. 표트르 스미노프가 도입한 활성탄 여과 방식과 보드카라는 공통점 정도는 있겠지만.

치열하고 슬픈 근현대사를 통해 주류 시장의 지배자가 된 스미노프 증류소의 스미노프 레드는 별다른 특징이 없는 것이 특징이다. 싸고, 구하기 쉽다. 누군가의 입맛에 딱 맞는 술이긴 힘들지만, 자메이카의 우체부에서 한국의 주부, 미국의 은행원과 러시아의 군인을 모두 적당하게 만족시킬 수 있는 그런 술이다.

블랙 러시안
Black Russian

우리 모두가 언젠가 마셔 보았던

보드카 하면 떠오르는 가장 유명한 칵테일 중 하나일 것이다.
대충 아무 컵(기본적으로는 물론 올드 패션드 글라스)에 얼음을
넣고 보드카랑 깔루아를 섞으면 된다. 기본 비율은 3:2지만, 이런
종류의 심플한 칵테일이 그렇듯이 취향이 우선한다. 1949년
벨기에인 바텐더 구스타프 톱스가 레시피를 최초로 기재했다고
한다. 여기에 우유나 크림을 좀 넣으면 화이트 러시안이 된다. 우유
말고도, 취향에 따라 이것저것 섞어도 된다. 이를테면 필자는 블랙
러시안은 보드카와 깔루아를 4:1로 섞어 레몬과 체리로 장식하는 걸
선호한다(엄밀히는 이건 블랙 러시안의 변종인 '블랙 매직'이란 칵테일에
가깝지만 중요한 문제는 아니다). 깔루아 자체가 굉장히 달기에, 굳이
달콤한 보드카보다는 투박한 보드카 쪽이 더 어울린다고 생각한다.

글라스
올드 패션드 글라스

재료
스미노프 레드 60ml, 깔루아 30ml

제법
얼음을 넣고 재료를 빌드한다. 레몬 껍질로 장식해도 좋다.
좀 더 '커피 맛'을 느끼고 싶다면 좀 더 고가인 일리큐어 커피 리큐르를
사용하거나, 커피를 넣어 보자. 커피 비슷한 다른 리큐르(헤이즐넛 리큐르
프란젤리코라거나)를 사용해 봐도 좋다. 의외로 시트러스와의 조합도 좋으니
기호에 따라 과일이나 과일 시럽을 써 보는 것도 재미있다.

이럴 때 좋을 한 잔

진 토닉과 함께 국민 칵테일이 아닐까 싶다. 독하고 단 게 당기는 날이라면 언제 어떻게 만들어도 무방하다. 커피와 단맛은 알코올 향을 가장 잘 가려 주는 재료 중 하나일 것이기에, 뭔가 괴로운 일이 있을 때 벌컥벌컥 마시기 좋다. 물론 그렇게 마셨다가는 이튿날을 장담하지 못할 것이다.

또 다른 제법 Tip

좀 더 '커피 맛'을 더하고 싶다면 일리큐어 커피 리큐르를 사용하거나, 커피를 사용해 보자. 보드카 대신 커피 맛, 단맛을 잘 받는 아이리시 위스키를 사용해 봐도 좋다. 의외로 과일들과의 조합도 좋으니 기호에 따라 과일주스나 과일 시럽을 써 보는 것도 재미있다. 셰이크를 해서 공기의 질감을 높이고 얼음을 더 녹게 한다면 안 그래도 알코올 향이 약한 친구가 좀 더 부드러워진다. 그렇다고 알코올의 총량이 날아가는 것은 아니다.

스미노프 블랙
Smirnoff Black

보드카지만 어쩐지 소주 같은

사실 스미노프 블랙을 굳이 독립적인 카테고리로 나눠야
하나 하는 생각을 좀 했다. 탱커레이-탱커레이 No. 10이나
비피터-비피터 24처럼 기존의 라인업과 엄청나게 차별화된
특징을 가지는 것도 아니고, 브랜드 인지도 자체도 어중간하다.
가끔 너무 남용되는 마케팅 용어가 아닌가 싶은 '스몰 배치' 역시
흥미를 잃게 만들기에 충분하다. '싸고 편하게 마시려고 사는
스미노프인데 굳이 상위 라인업을 살 이유가 없지'가 그 이유가
아닌가 싶다. 그럼에도 불구하고 독립적인 카테고리로 다루려는
데에는 매우 개인적인 이유가 있다.

　이것은 업그레이드 소주다. 독주에 대한 개론서 격인

이 책을 산 당신은 아마 둘 중 하나일 거다. 술 자체에 대한 충분한 이해를 바탕으로, 어디 저자 놈이 얼마나 재미있는 소리를 하는지 한번 읽어 보자 하는 생각으로 이 책을 집어 들었거나, 술 자체를 좋아하기는 하지만 술에 대해 아는 게 별로 없어서 인터넷을 조금 뒤져 보다가 그래도 개론서 한 권 정도는 읽어 보는 게 좋겠지 하는 생각으로 이 책을 샀으리라. 스미노프 블랙은 두 번째 부류의 사람에게 정말 추천하는 술이다. 특히나 당신이 희석식 소주 맛에 익숙한 평범한 한국의 애주가라면, 반드시 추천하는 술이다. 스미노프 블랙은 맛의 계열에서, 한국의 희석식 소주와 가장 가까운 맛이다. 심지어 화요나 안동 소주 같은 '전통적인 증류식 소주'보다 더 소주 같은 맛이 난다. 이렇게 말하니까 뭔가 쓰레기 같은 맛이라는 것을 돌려서 비난하는 것 같은데, 절대 그건 아니다. 이것은 '매우 잘 만든 소주'의 맛이다. 특유의 누룩 향이 살아 있는 안동 소주 계열에 비해 잡미가 거의 포함되지 않은 알코올 본연의 순수한 단맛이 잘 살아 있다. 부드럽고 시원하다. 단맛을 조금 보정해 주는 다른 향신료의 향이 좀 있었으면 좋겠다는 생각이 들 때도 있지만, 이게 스미노프 블랙의 성격이니 그런 걸 아쉬워할 필요는 없다.

얼마나 소주스럽냐 하면, 몇몇 스미노프를 싫어하는 외국인들이 '합성 알코올 같은 맛이 나서 싫다'고 할 정도다(스미노프 블랙 특유의 기묘한 향취는 합성 알코올 맛이 아니라 그냥 알코올 맛이 아닐까 생각한다). 소주 맛 나는 맛있고 좋은 술을 마시고 싶은데 안동 소주는 너무 향이 강해서 싫은 당신에게 스미노프 블랙을 추천한다.

발랄라이카
Balalaika

칵테일의 정석

우리가 흔히 '칵테일' 하면 떠오르는 상큼하고 달달하면서도 약간의
도수가 있는 바로 그 맛이다. 잘못 혹은 잘 만들면 포카리스웨트
비슷한 맛이 나기도 한다. 기주, 스위트너, 사워의 고전적 패턴의
레시피다. 기주로 보드카, 스위트너(달게 해 주는 것)로 트리플
섹, 사워(시큼한 것)로 레몬주스. 보드카 대신 진을 쓰면 화이트
레이디가, 레몬주스 대신 라임주스를 쓰면 가미카제가, 트리플
섹 대신 심플 시럽을 쓰면 레몬 드롭이 된다. 스윗, 사워 패턴의
고전 칵테일들의 대표적인 것들은 이러한데, 필자는 그중에
발랄라이카가 가장 무난하다고 생각한다. 자유롭게 원하는
취향을 찾아보자. '말이 되는 수준의 균형미'를 잃지 않는 선에서
말이다(그러니까, 보드카로 전체 양의 80%를 채운다거나 하는 짓은 하지
말자는 이야기다). 아, 앞으로도 트리플 섹을 사용하는 레시피가 몇
번 등장할 텐데, 편하게 구할 수 있는 트리플 섹 중에 가장 괜찮은
친구는 역시 코앵트로다. 도수가 높고, 감미가 강하며, 다른 향미도
떨어지지 않는다.

글라스
칵테일 글라스

재료
스미노프 블랙 45ml, 트리플 섹 20ml, 레몬주스 20ml

제법
셰이크를 하고, 맛의 풍부함을 위해 다 만든 후 위에 레몬 필을 짜자.

사실 웬만큼 대충 막 만들어도 마실 만한 칵테일이다. 변화를 주고 싶다면 스위트너로 다른 달콤한 술(생제르망, 그랑 마니에 등등)이나 시럽을 살짝 섞거나 대체해도 좋다.

이럴 때 좋을 한 잔

친구가 집에 놀러 와 당신의 장식장을 쭉 장식한 술병과 조주 도구를 보고 이렇게 말했다. "오, 너 그냥 알코올 중독자인 줄만 알았는데 집에서 칵테일도 만드냐. 한 잔 만들어 줘 봐. 새콤달콤한 걸로. 도수는, 너무 낮지는 않았으면 좋겠어."

자, 발랄라이카를 만들 시간이다. 이름마저 발랄하고 좋다. 맛의 편안함에 비해 적당히 이국적인 이름이다. 빌드나 스터에 비해 셰이크는 폼 내기도 좋다. 집에 오는 길에 구글에서 검색한 레몬 껍질 장식법까지 더하면 금상첨화.

또 다른 제법 Tip

이 칵테일은 레시피까지 잘 잡혀 있어서, 웬만큼 못 만들어도 먹을 만한 칵테일이 된다. 혹시나 좀 더 폼을 잡고 싶다면, 다른 달콤한 리큐르나 시럽을 좀 더 넣어서 만들어 보자.

시락
Ciroc

보드카지만 보드카도 아닌

말도 많고 탈도 많은 보드카의 이단아. 2003년에 발매되어
세계적인 히트를 친 시락은 포도로 만든 보드카다. 엄밀히 말하면
시락은 보드카가 아니다. 유럽 연합의 기준으로 '포도 보드카'이며,
개인적으로도 오드비(과일 증류주)로 분류하는 게 맞다고 생각한다.
디아지오 사는 96도로 증류하며 숙성을 하지 않는다는 점을 들어
보드카라고 주장하지만 포도로 만든 보드카는 역시 조금 애매하다.
브랜디에 쓰이는 꼬냑 지방의 위니 블랑과 와인에 쓰이는
가이약의 모작 블랑 품종의 포도를 원료로 5중 증류를 거친다.
퀄리티도 훌륭하고 병 디자인도 아름답다. 유명인과 SNS, 파티
등을 내세운 명확하고 공격적인 마케팅으로 세계 주류 시장을

강타했다.

앞서 말했듯이 한 프랑스인 친구는 이렇게 말했다. "한국인이 어디에든 김치를 넣는다면, 프랑스인은 어디에든 포도를 넣지." 그들은 포도로 브랜디를 만들더니, 보드카를 만들고, 진을 만든다(지바인이라고, 상당히 맛있다). 기본적으로 포도의 강한 단맛이 보드카 특유의 알코올 단맛과 조화를 잘 이룬다. '포도로 만든 보드카. 그거 보드카에 포도 향 넣은 플레이버 보드카랑 다르게 뭐 있나' 하며 무시하는 사람을 가끔 보는데, 시락은 밑술에 과즙을 첨가해 만드는 플레이버 보드카와 차원이 다른 퀄리티를 보인다. 시락이 스스로를 '울트라 프리미엄 보드카'라고 홍보하는 것은 결코 우스운 일이 아니다.

시락은 여럿이 한 병의 술을 마시려고 계획할 때 합리적인 선택이 될 수 있다. 독주를 좋아하는 사람과 적당히 마시는 사람, 아예 약한 술을 좋아하는 사람을 모두 만족시킬 수 있지만, '독하고 쓴 술'을 선호하는 사람들에게는 그다지 사랑받지 못한다. 기본적으로 달다. 꿀을 첨가해 잡미를 잡은 네미로프 렉스나 동유럽의 몇몇 밀 보드카에 비해서는 그래도 덜 달지만 포도 자체의 농밀한 단맛이 꽤나 강하기에 단맛을 정말 싫어하는 사람에게는 호불호가 갈린다.

코스모폴리탄
Cosmopolitan

적당한 도수에 상큼하고 달콤한

같은 이름을 가진 음식에도 굉장히 다양한 종류의 레시피가
있다. '제육볶음'도 백종원표 제육볶음이 있고 네이버 지식인표
제육볶음이 다르니 말이다. 칵테일도 마찬가지다. 조주기능사
실기시험 레시피가 있고 국제 바텐더 협회 레시피가 있고 내
레시피가 있다. 한국에서 가장 유명한 레시피는 보통 조주사
실기시험 레시피일 텐데, 코스모폴리탄의 조주기능사 레시피는
가끔 조금 당황스럽다. 조주기능사 실기시험 기준으로 '보드카
1온스, 트리플 섹 1/2온스, 라임주스 1/2온스, 크랜베리주스
1/2온스를 셰이커에 셰이크해 칵테일 글라스에 서빙한다'라고
나오는데 이렇게 만들면 발색은 우리가 원하는 '예쁜 핑크빛'이
아니라 피고름 같은 '뉘리끼리한' 붉은색 빛이 나고 맛은 과하게
시다. 개인적으로 보드카 20ml에 크랜베리주스 30ml, 쿠앵트로
20ml에 라임주스 15ml의 레시피를 선호한다. 보통의 트리플 섹보다
도수가 두 배 높고 단맛도 강한 쿠앵트로를 쓰고 달콤한 시락
보드카를 사용한다면. 더 달고, 더 독하고, 더 편안해진다.

글라스
칵테일 글라스

재료
시락 20ml, 크랜베리주스 30ml, 트리플 섹 20ml, 라임주스 15ml

제법
모든 재료를 셰이크해서 칵테일 글라스에 담는다.

크랜베리가 많이 들어가면 텁텁하다. 보드카가 많이 들어가면 독하다. 라임주스가 많이 들어가면 시다. 그럼에도 이건 황금 레시피 중 하나라, 대충 비율만 맞춰도 꽤 마실만 한 것이 나온다.

이럴 때 좋을 한 잔

발랄라이카를 다 마신 친구가 당신에게 말했다. "오, 제법인데. 근데 좀 독한 느낌이야. 좀 더 편하게 마실 건 없을까?"

자, 코스모폴리탄이 출격할 시간이다. 보드카 '시락'이나 칵테일 '코스모폴리탄'이나, 홈 파티를 위한 최고의 선택이라고 생각한다. 누군가의 베스트가 되기는 힘들지만, 누군가의 워스트가 되기도 힘들다. 게다가 인터넷에서 본 레시피대로 1:1:1:1로 섞은 게 아니라면 누리끼리한 피고름색 대신 선명하고 유쾌한 선홍색을 띄게 될 것이다. 커다란 셰이커에 한 4인분 넣고 열심히 쉐이크를 해서 만들면 당신도 힙한 파티 홈텐더가 될 수 있다.

또 다른 제법 Tip

IBA레시피에서 사용되는 기주는 '시트러스 보드카'였던 것으로 기억한다. 기본적으로 크랜베리주스도, 라임주스도, 코앵트로도, 칵테일 메이킹의 사기템 중 하나다. 저것과 함께라면 뭘 넣어도 맛있어지니 여러 시도를 해 보자.

그레이구스
Grey Goose

'슈퍼 프리미엄' 보드카

그레이구스는 한국에서 가장 유명한 프리미엄 보드카다.
'프리미엄'이라는 이름답게 높은 가격대지만, 그 품질과 성격은
역시 프리미엄이라는 이름값을 한다. 시락과 함께 독주에 거부감을
가진 사람들이 그나마 선호하는 보드카가 아닌가 싶다. 병
디자인에서 느낄 수 있듯이 전체적으로 매우 투명하며 부드럽고
편안한 맛으로, 거슬리는 느낌이 전혀 없다. 스미노프 레드에서
특유의 펀치력을 제거한 듯한 베이스에 약간의 곡물 단맛이
올라오고 복합적인 아로마가 그 단맛을 장식한다.

　　그레이구스는 스미노프처럼 길고 흥미로운 역사를 가진
보드카도 아니고 시락처럼 논쟁적인 역사를 가진 보드카도 아니다.

독일의 전통주 예거 마이스터의 판권을 사서 허브 리큐르의 제왕 자리에 올려놓은 주류 (메이저 말고 술) 사업가 시드니 프랭크가 1996년, '슈퍼 프리미엄 보드카' 콘셉트로 미국 시장을 공략하기 위해 기획한 보드카다. 프리미엄 보드카 시장에서 차별성과 경쟁력을 획득하기 위해 더 유명한 사람이 더 비싼 재료와 기법을 통해 '슈퍼 프리미엄 보드카'를 만든 것이다. 시드니 프랭크가 보르도의 메트르디쉐(양조 장인)인 프랑수와 티볼트를 고용해 개발한 이 '슈퍼 프리미엄' 보드카는 싸구려 곡물을 사용하는 다른 화이트 스피릿과의 차별화를 위해, 빵을 만들 때 쓰는 최고급 밀을 재료로 사용한다. 물 또한 슈퍼 프리미엄이다. 1500m 지하를 흐르는, 꼬냑 지방의 천연 암반수가 사용된다. 근본도 없고 역사도 짧지만, 고급스럽고 계획적이다. 맛도 그렇다. 보드카 특유의 알코올 향과 쓴맛이 상당 부분 누그러진, 누구에게나 부드럽게 어필할 수 있는 보드카다. 어느 술 혹은 주스와 섞어도 어울리며, 음식과의 궁합도 좋다. '부드러운 보드카'를 마시고 싶은 사람에게 추천하기 좋고, 디자인 덕에 선물용으로도 적합하다. 보드카를 마시고 싶거나 어느 정도의 예산이 확보되어 있을 때, 안전한 선택을 하고 싶거나 술자리에 술 자체를 그다지 좋아하지 않는 사람이 끼어 있고 그 사람을 배려해야 하는 등의 상황이라면 그레이구스가 가장 안전한 선택이 될 것이다.

모스코 뮬
Moscow Mule

그러니까, 일종의 부대찌개

모스코 뮬은 원래 스미노프 사에서, 스미노프의 판매 진작을 위해
광고하던 창작 칵테일이었다. 그러니까, 역사책에 등장하는 모스코
뮬을 만들고 싶다면 스미노프를 쓰는 것이 타당하다. 하지만
그래서? 부대찌개가 원래 미군 군용 햄을 썼다고 지금 우리가 굳이
부대찌개에 군용 햄을 넣을 필요는 없지 않은가. 비싼 보드카는 그
만큼의 효용을 보여 준다(비싼 진저 에일도 마찬가지다). 원래는 동
머그잔을 써야 하는데 개인적으로 별로 안 좋아해서 그냥 하이볼
글라스에 내는 것을 선호한다. 신맛 혹은 상큼한 맛을 싫어한다면
처음에 라임주스와 보드카를 셰이크한 후에 진저 비어로
채우도록 하자. 신맛이 누그러지고 부드러워지며 전체적으로 맛도
누그러진다. 보드카를 진으로 바꾸면 '진 벅'이라는 꽤 맛있는 다른
칵테일이 되고, 다크 럼으로 바꾸면 다크 앤 스토미가 된다(참고로
다크 앤 스토미는 라임주스를 쓰는 레시피와 안 쓰는 레시피가 있으며, 둘
다 유명하다).

글라스
하이볼 글라스나 동 머그잔

재료
그레이구스 45ml, 라임주스 20ml, 진저 에일 혹은 진저 비어 100ml

제법
잔에 얼음을 넣고 보드카와 라임주스를 빌드한 후 진저 비어로 채운다.
진저 에일은 비싼 게 확실히 맛있다. 비싼 진저 에일을 쓰기는 싫고 맛은

좀 더 좋게 하고 싶다면 생강 시럽을 구해 조금 넣어 보자. 여러 재료를
'셰이크'하고 탄산수를 채우는 여러 칵테일과 달리, 라임주스의 치고
올라오는 맛을 위해 '빌드'하고 탄산수를 채우는 걸 추천한다.

이럴 때 좋을 한 잔

진 토닉도 잭 콕도 지겨운데, 뭔가 간단하지만 시원하고 맛있는 한 잔이
마시고 싶을 때 좋다. 역시 홈 칵테일의 제왕은 하이볼 칵테일이니 말이다.
만들기도 쉽고, 가격도 재료도 몸에도 부담이 없다.

또 다른 제법 Tip

진저 에일, 진저 비어의 향이 약하다 싶을 때는 시중에서 판매하는 생강
시럽을 첨가하는 것도 괜찮다. 이럴 때는 보드카+생강 시럽+라임주스를
반드시 셰이크한 후에 진저를 추가하자. 시럽은 그냥 스터하는 것으로
충분히 풀리지 않기 때문이다. 보드카에 생강을 인퓨징해 두는 좀 더 쉬운
방법도 있다. 물론 생강 보드카는 모스코 뮬 말고는 쓸 데가 잘 없으니,
신중하게 생각하자.

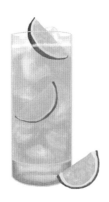

앱솔루트
Absolut

부드럽고 달콤한 그리고 편안한

세상이 참 많이 변했고 필자 자신도 참 많이 변했다는 생각을
자주 한다. 십여 년 전, 합법적으로 술을 구매할 수 있는 나이가
되어 이런저런 술을 마시던 시절에 이런저런 술에 대한 이런저런
이야기를 해야 했다면, 앱솔루트 보드카로 보드카에 대한 이야기를
시작했을 것이다. 5년 전이라면, 흠 잘 모르겠고 기억도 안 난다.
하지만 10년 전의 한국에서는 보드카 하면 앱솔루트였다. 지금의
한국에서 앱솔루트는 어딘가 한물간 느낌이지만, 세계 시장에서는
여전히 강자의 위치를 차지하고 있다. 앱솔루트는 현재 바카디와
스미노프 다음으로 잘 팔리는, 세계 3위의 독주다. 2008년에는
1위였다.

앱솔루트는 그럭저럭 긴 역사를 자랑한다. 1879년 스웨덴의 정치가이자 자본가인 라스 올슨 스미스가 '분별 증류'라는 증류 기술을 도입해 불순물이 섞이지 않은 고급 증류주를 생산하기 시작했다. 스미스가 '열 배 순수한 스웨덴 소주Brännvin(감자, 곡물, 셀룰로스 등으로 만드는 독한 스웨덴 전통 증류주. 그러니까, 아무리 생각해도 스웨덴 소주다)'라는 이름으로 팔던 보드카가 앱솔루트의 조상 되시겠다. 1917년 스웨덴 정부가 알코올 산업을 독점하며, '열 배 순수한 스웨덴 소주'라는 조금 들뜬 이름의 보드카는 '절대적으로absolute 순수한 스웨덴 소주'라는 묵직한 이름으로 판매되기 시작했다. 1979년부터 국제 시장에 등장한 앱솔루트는 2008년 세계에서 가장 잘 팔리는 보드카가 되었고, 스웨덴 정부는 앱솔루트의 판권을 주류 회사 페르노리카에 팔아 버렸다. 그리고 이제는 세계 3위의 독주가 되었다. 스웨덴 정부가 프랑스 기업보다 장사를 잘하는 게 아닐까? 농담이다. 프랑스 기업에게 항의를 받고 싶진 않다.

앱솔루트는 필자가 마셔 본 보드카 중 가장 '달콤하고 부드러운' 보드카다. 단맛만으로 이야기하자면 스미노프 블랙이 조금 더 달콤할 수도 있겠지만 스미노프 블랙은 부드러움과는 거리가 있다. 그레이구스가 더 부드럽고 섬세하지만, 그레이구스는 앱솔루트보다 덜 달다. '부드럽고 달콤한' 것들은 대체로 언제나 훌륭하지만 대개 빨리 질린다. 하드한 취향의 사람들에게는 애매하지만 편안한 파티 드링크로는 완벽하다. 게다가 가격도 편안하다.

스크류 드라이버
Screw Driver

술과 주스, 누구나 만들 수 있는

스크류 드라이버의 유래에 대한 가장 유명한 이야기는 중동에
파견된 노동자들이 중동인들의 눈을 피하기 위해 술에
오렌지주스를 섞은 후 스크류드라이버로 휘휘 저어 마셨다는
이야기일 것이다(참고로 오렌지주스가 들어가는 진 칵테일
'브롱크스'에도 미국의 금주법 시절 눈을 피하기 위해 오렌지주스를
섞었다는 비슷한 도시 전설이 있다). 진실인지 거짓인지 모르겠으나,
그만큼 만들기도 쉽고 마시기도 편하다. 진 토닉과 함께 가장
유명한 하이볼 칵테일이자, 블랙 러시안과 함께 가장 유명한
보드카 칵테일이다. 오렌지주스 대신 크랜베리주스를 쓰면
보드카 크랜베리라고 부르는 '케이프 코더'가 되고 자몽주스를
쓰면 '그레이하운드', 거기에 소금을 글라스 가장자리에
리밍하면 '솔티 독', 리밍을 반만 하면 '하프문'이 된다.
보드카+크랜베리주스+자몽주스를 쓰면 '시 브리즈'가 되고. 보드카
대신 진을 쓰면 '오렌지 블라섬', 데킬라를 쓰면 '앰버서더'가 된다.
보드카+오렌지주스에 갈리아노를 살짝 섞으면 하비 월뱅어가,
여기서 오렌지주스를 자몽주스로 바꾸면 '헨리에타 월뱅어'가 된다.
하비 월뱅어를 데킬라로 만들면 '칵투스 뱅어'가 된다. 자그마치
10개의 레시피를 소개했다. '독주는 마시기 껄끄러우니 주스를 섞어
먹자'는 기본적인 생각은 역시 누구나 가능한 것이다.

글라스

하이볼 글라스

재료

앱솔루트 적당히, 오렌지주스 적당히

제법

술맛을 느끼고 싶으면 빌드해서 조금만 휘젓고, 알코올 향을 최대한 날리고 싶으면 설탕 시럽이나 설탕 같은 걸 좀 넣은 후에 열심히 셰이크하자.

이럴 때 좋을 한 잔

집에 보드카와 오렌지주스와 스크류 드라이버가 있을 때. 이런 재료들은 세계 어디에서도, 심지어 중동에서라도 쉽게 구할 수 있을 것이다.

또 다른 제법 Tip

딱히 명칭이 있는 레시피는 아니지만, 시판되는 플레이버 보드카(앱솔루트 바닐라라거나, 스미노프 그린애플이라거나)를 사용하고 마음에 드는 시럽을 두어 방울 섞어도 맛있다. 특히나 앱솔루트 바닐라+오렌지주스의 조합은 정말 쭉쭉 넘어가는 마법의 조합이다(그리고 이런 술들이 흔히 그렇듯 이튿날 쭉쭉 토할 수 있으니 조심하자).

단즈카
Danzka

가장 진에 가까운 보드카

단즈카 보드카는 대형 마트에서 쉽게 찾아볼 수 있는 술 중에 가장 독특한 병 디자인을 자랑하는 보드카다. 일단 유리병이 아니라 철 깡통이다. 디자인에 대한 상당한 자부심을 가지고 있는지, 단즈카 홈페이지의 첫 단 설명에는 품질이나 맛 대신 병 디자인에 대한 이야기가 적혀 있다. 칵테일 셰이커를 본 딴 모양이고, 20세기 중반 디자인계와 건축학계에서 유행했던 기능주의적인 '덴마크 스타일'을 자랑하며, 깨지지도 않고 운반하기도 쉬우며 냉각하기도 쉽다, 뭐 그런 이야기들을 담고 있다.

1989년 발매된, 역사가 그리 길지 않은 보드카로, 곡물 추출물이나 부산물 곡물 부스러기가 아닌 통곡물을 재료로 사용하며, 미네랄을 제거한 순수한 물을 사용한다. 증류 과정에서 불순물 제거에 집중한다. 단즈카 보드카의 총책임자 혹은 증류 전문가는 상당한 수준의 통제광인 것 같다. 통곡물을 써서 곡물을 통제하고, 미네랄을 제거해 물을 통제하고, 증류 과정에서는 불순물을 없앤다. 물론 단순한 홍보일지도 모르겠지만, 단순한 홍보일지라도 모든 홍보에는 일종의 철학이 담긴다. 저 '통제'를 단즈카의 철학이라 봐도 무방할 것이다. 그리고 철학은 작품에 예술성을 부여한다. 실제로 단즈카 보드카의 주된 이미지는 '통제된 깔끔함'이다. 보드카치고는 시트러스와 허브, 그리고 각종 과일의 향이 강렬한 편이지만, 어떤 발산적인 이미지라기보다는 정제된 이미지를 준다. 시장의 과일가게 좌판이 아니라, 정갈하게 정렬된 대형 마트의 과일 코너 같은 느낌이랄까. 맛의 계열로 보면 차갑고 드라이하며, 어느 정도 펀치력이 있다. 자, 여기까지 읽은 당신이 '진'을 떠올렸다면 당신의 상상력이 좋거나 내 글이 뛰어나거나 둘 중 하나일 것이다.

보드카에 가장 가까운 진이 '고든'이라면 진에 가장 가까운 보드카는 단즈카다. 고든이 대부분의 진 ─ 보드카─기타 재료로 이루어진 칵테일에 잘 어울리는 것처럼, 단즈카 역시 진 ─ 보드카 ─ 기타 재료로 이루어진 칵테일에 잘 어울린다. 하지만 보드카로서의 성격은 조금 애매하다. 시트러스와 드라이함을 갖춘 보드카라니. 진 애호가들에게는 주저 없이 추천할 수 있는 보드카이며 보드카 토닉이나 보드카 마티니 같은 칵테일의 재료로는 흥미롭지만, 보드카의 원형을 기대하는 사람들에게는 좋은 선택이 되기는 힘들다. 물론 바로 그 이유로 필자는 단즈카를 좋아한다.

섹스 온 더 비치
Sex on the Beach

달콤하고 따뜻하고 나른한

달콤하고 무난한 재료가 여러 가지로 많이 들어가는 칵테일일수록,
레시피를 외우기는 힘들지만 그냥 섞어도 마실 만한 맛이 난다.
심지어 비율이 조금씩, 아니 꽤 많이 틀려도 대충 맛있다. 어쨌거나
향을 낼 정도로 충분한 양이 들어가기만 하면 대충 비슷한 맛이
나기는 한다. 그런 류의 칵테일 중에 가장 유명하고 만들기 쉬운
칵테일이 아마 섹스 온 더 비치일 것이다. 이름에 들어가는 단어들이
조금 선정적이지만 이미 섹스가 주는 야한 느낌보다는 '섹스 온 더
비치'라는 칵테일 이름, 고유 명사로서의 의미가 더 큰 느낌인지라
별로 야하다는 느낌도 없다. 달콤하고 따뜻하고 나른하고 적당한
도수가 있는 칵테일. 단즈카를 써서 만들면 맛있지만 사실 싸구려
레일 보드카를 써서 만들어도 맛은 좋다. 마찬가지로, 이름 있는
브랜드 리큐르를 사용하면 맛있지만 회사 이름이 큼지막이 써 있는
디카이퍼나 마리 브리저의 리큐르를 사용해도 집에서 마실 만하다.

글라스
하이볼 글라스

재료
단즈카 20ml, 카시스 20ml, 피치 슈냅스 20ml, 오렌지주스 30ml,
크랜베리주스 60ml

제법
모든 재료를 큰 셰이커에 충분히 잘 섞은 후 집히는 대로 올려 장식한다.
체리건 오렌지 슬라이스건 파인애플이건 좋다.
여러 유명 단체와 개인마다의 레시피 편차가 매우 큰 칵테일이다. 애초에

들어가는 재료들이 다 다른 재료와 잘 어울리는 편한 재료들이다. 어떻게 만들어도 꽤 맛있으니 그냥 막 만들어 마시자.

이럴 때 좋을 한 잔
더운 여름의 홈 파티를 위해 최고의 선택이 될 수 있을 것이다. 물론 한 잔을 맛있게 만들고 싶다면 역시 한 잔 분량씩 만들어 만들자마자 마시는 쪽이 좋지만, 2l짜리 물통에 재료의 비율대로 섞어서 만들어 둔 후에 잔에 얼음을 담아내는 것도 좋다. 쭉쭉 편하게 들어가는 술에 비해 들어가는 재료의 가짓수는 조금 많은 편이니 귀찮을 것이다. 많이 만들었다고 남을 일은 생각하지 않아도 된다. 이 친구도 누군가 싫어할 맛은 결코 아니니까.

또 다른 제법 Tip
가능하면 오렌지를 짜서 쓰는 쪽이 좋다. 이미 피치, 카시스, 크랜베리라는 끈적하고 깊은 단맛을 내는 재료가 들어갔기에, 여기에 가당 오렌지주스까지 들어가면 그 단맛이 뭉쳐 불쾌한 쓴맛을 이루는 포인트에 다다르게 되는 경우가 많다. 셰이크도 얼음이 어느 정도 녹을 정도로 충분히 해 주자.

벨루가
Beluga

보드카는 러시아 보드카

보드카 하면 떠오르는 나라는 러시아지만, 정작 러시아 보드카는
생각보다 많지 않다. 일단 지금까지 다룬 보드카도 모두
비-러시아계 보드카다. 미국의 스미노프, 프랑스의 그레이구스,
스웨덴의 앱솔루트, 덴마크의 단즈카. 굉장히 아름다운 병
디자인으로 유명한 스노우 레오파드느 폴란드산이며, 해골
모양의 병으로 유명한 크리스탈 헤드는 캐나다산이다. 전 세계적
현상인지는 모르겠지만, 적어도 한국과 일본의 주류 시장에서
보드카는 러시아의 술 같은 이미지다. 하지만 실제 보드카는
러시아만의 술이 아닌, 북유럽과 동유럽을 아우르는 역사를 가진
대륙의 술이다. 그런 핑계로 러시아 보드카를 하나도 다루지 않고

넘어가 볼까 하다가 역시 그러기는 미안해서 하나 골랐다.

벨루가를 만든 마린스크 증류소는 100년이 넘는 역사를 가진 증류소로, 100년 전에나 지금이나 시베리아에 있다. 2009년 벨루가를 내놓기 전에도 질 좋은 보드카를 만드는 훌륭한 증류소로 정평이 나 있었다는데 필자는 이 증류소에 대한 정보를 본 기억이 없지만 분명 훌륭한 증류소일 것이다. 벨루가는 정말로 맛있다. 비록 많이 비싸지만, 돈값을 한다.

다시 말하지만 정말 맛있다. 어느 정도로 맛있느냐면, '독주는 야만인들이나 먹는 거지, 나는 우아하게 와인만 마신다' 공언하던 어느 와인광 손님을 보드카의 열성적인 팬으로 만들 수 있을 정도다. 가벼운 상큼함과 밀의 중후한 단맛, 보드카 특유의 펀치력에 유쾌한 잡미를 고루 갖추고 있는 훌륭한 보드카다. 라프로익 같은 해양성 위스키에서 느낄 수 있는 '짭짤하고 기름진 느낌'도 있다. 벨루가 자체가 저녁으로 캐비어를 먹는 러시아 상류층을 위한 고급 보드카로 기획된 것이기에, 캐비어와의 마리아주가 좋다고 하는데 비록 캐비어는 못 먹어 봤지만 확실히 해산물과의 궁합이 절륜하다. 멍게, 성게 알, 연어 알 등 짜게 간이 된 요리와의 조합도 훌륭하다. 성격이 너무 강해 칵테일로는 쉽지 않지만, 보드카 자체의 맛이 중요한 보드카 마티니라거나, '짜고 시트러스가 강한' 솔티 독 같은 칵테일의 기주로는 완벽하다. 하지만 굳이 이 비싼 걸 그렇게 먹을 이유가 있나 싶다.

에이프릴 레인
April Rain

산뜻하고 날카로운 봄비 같은 칵테일

별로 유명한 칵테일도 아니고, 그럴싸한 유래도 없는 (혹은
인터넷 중독자인 내가 그걸 찾을 수 없는) 칵테일이다. 그런데도 꽤
많은 레시피북과 인터넷에 동일한 재료의 레시피(보드카, 버무스,
라임주스)가 올라와 있는 칵테일이다. 그러니까, 비운의 사고로 죽은
연인이라거나 전설의 도둑 같은 게 등장하는 멋진 전설이 존재하는
그런 칵테일은 아닐지라도 확실하게 맛은 좋은 칵테일이라는
이야기다. 특히, 별로 맛도 없고 그럴싸하지도 않으며 대체 왜
이 칵테일에 '마티니'라는 후렴구가 붙어 있는지 모를 '마티니
베리에이션 칵테일'이라는 장르 안에 이런 칵테일이 있다는 것은
축복이다. 원 레시피는 보드카를 사용하지만, 진을 사용해서
만들어도 상당히 괜찮다. 유튜브에서 '4월의 비(4月の雨)'라는
노래를 검색해 틀어 놓고 만들어 마시면 더욱 좋을 것이다. 에이프릴
레인 칵테일과는 이름이 동일하다는 것 말고는 아무런 관계도
없으며, '4월의 비' 역시 이 칵테일과 마찬가지로 딱히 멋진 전설이
존재한다거나 엄청 유명한 노래는 아니지만, 확실하게 좋은 노래다.

글라스
칵테일 글라스

재료
벨루가 60ml, 베르무트 15ml, 라임주스 15ml

제법
재료를 스터해 칵테일 글라스에 담고 라임 껍질로 장식한다.

베르무트와 라임주스같이 향이 강한 재료가 사용됨에도 불구하고, 기주가 확실하게 드러나는 칵테일이다. 비싼 보드카를 쓸수록 확실하게 맛있다. 비싼 진을 넣어 만들어도 맛있다. 재료들이 가진 섬세하고 날카로운 향이 거슬린다면 셰이크해도 괜찮다.

이럴 때 좋을 한 잔
마티니가 지겨울 때. 인터넷에서 '마티니 종류(various martinis)' 등등을 검색해 본 후 그중 7개 정도를 바에서 시켜 보고 5개 정도를 집에서 만들어 본 다음 인생과 세상과 인터넷에 대한 불신이 가득할 때, 바로 그때 만들어 보자.

또 다른 제법 Tip
꽤 다루기 까다로운 재료들이 들어감에도 레시피 자체가 상당히 완성도 높은 레시피라는 느낌이라, 그냥 재료를 스터해 칵테일 글라스에 잘 담아 마시자. 당신을 불신의 늪으로 밀어 넣은 '어쩌구저쩌구 썸띵 마티니'의 불쾌한 기억들을 싹 잊게 해 줄 것이다.

데낄라
Tequila

데낄라란?

지금의 삼십 대 술꾼들에게 데낄라는 어린 시절의 철없던 추억으로 기억되지 않을까? 클럽도 아니고 바도 아닌 모호하고 시끄러운 곳에서 한 잔에 천 원 하는 싸구려 데낄라를 마치 죽을 때까지 마시다 지갑도 잃어버리고 신발도 잃어버리고 생각도 잃어버리고 사람도 잃어버린 경험들이 한두 번은 있지 않나. 10여 년 전, '저녁도 안 먹었으니 데낄라나 한잔하자'라는 되도 않는 문장을 인사랍시고 나누던 친구들, 시절들.

    삼십 대 친구들과 손님들은 이상할 정도로 데낄라를 혐오한다. '데낄라 먹으면 이튿날 머리 아파.' 그래, 데낄라는 숙취가 강한 편이니 틀린 이야기는 아니다. 하지만 이 문제가 오롯이 데낄라만의 잘못인가? 자, 눈을 감고 어린 시절로 돌아가 보자. '양주'라는 걸 처음으로 접하기 시작한 어린 날들 말이다. 밖에서 위스키를 처음 마셔 본 날을 떠올려 보자. 당신의 기억은 무엇인지 모르겠지만, 필자의 기억 속에서 위스키는 복학생 선배와 연결된다. 복학생 선배들이 위스키를 많이 사 줬다. 테이블에는 과일 안주라거나 육포 같은 게 있고, 우유나 콜라 같은 게 있었다. 그리고 적당히 취한 채 끝나는 술자리. 칵테일? '썸남썸녀'와 싸구려 칵테일 바에 가서 얼음이 다 녹을 때까지 잔을 달그락거리던 어설픔. 그리고 데낄라를 떠올려 보자. 돈은 없는데 소주는 싫고 그래도 취하기는 해야겠다. 저녁 한 끼 굶으면 데킬라가 세 잔이니 저녁은 생략하자. 데킬라를 한 병 주문한다. 안주로는 나초인지 하는 과자가 나오고 소금과 레몬과 커피가 좀 나온다. 모르겠다. 오늘은 일단 마시고 내일 생각하자. 자, 마셨으니 10년 후면 우리 삶에서 아무 의미도 없게 될 꿈이라거나, 정의라거나, 예술이라거나 하는 것에 대하여 떠들어 보도록 하자.

문제는 데킬라가 아니다. 무슨 술이건 스트레이트로 쭉쭉 마시면 빨리 취하고 많이 취하고 이튿날도 취한다. 무슨 술이건 과자를 주워 먹으며 병째로 마시면 지독하게 취한다. 내일을 생각하지 않고 마셔도 마찬가지로 지독하게 취한다. 데킬라는 무죄다. 우리가 유죄지. 우리가 유죄인가. 젊음이 유죄지. 이상하게 데킬라만 시키게 되면 추억의 장이 열리는데, 데킬라에 대한 어린 시절의 추억은 대체로 좋은 추억이 아니다. 또한 추억은 그 시절에 중요했던 것들을 떠올리게 하고 그것은 우리를 고통스럽게 한다. 그리하여 우리는 또다시 스무 살 무렵처럼 데킬라를 마신다. 이튿날 우리는 이렇게 말할 것이다. 아, 역시 데킬라는 숙취가 심해. 다시 한 번 데킬라에게 무죄를 선고한다.

데킬라는 아가베(한국어로 용설란이라고 하며, 선인장과의 풀이다)의 일종인 블루 아가베로 만드는 멕시코 전통주다. 이름의 유래는 별거 없다. 데킬라의 주산지인 '데킬라 시티'에서 따온 것이다. 멕시코의 법에 의하면 '할리스코 주 전체와 과나후아토, 미초아칸, 나야리트, 타마울리파스 주의 일부에서 만든, 블루 아가베를 사용한 증류주'만을 데킬라라고 할 수 있다. 데킬라와 비슷하지만 살짝 다른 술로 메즈칼이 있는데, 메즈칼의 경우 아가베 품종의 제한이 없으며, 생산 지역도 다르다(일부는 겹친다). 조주 과정도 유사하나, 데킬라는 재료가 되는 용설란 추출물을 찐 후에 만들고 메즈칼은 구운 후에 만드는 등의 미묘한 차이가 있다. 하여 학자에 따라 데낄라와 메즈칼을 완전히 다른 범주로 분류하는 경우도 있으며, 데낄라를 메즈칼의 하위 범주로 구분하는 경우도 있다.

역사적으로 아즈텍 문명은 그들의 전통 아가베 발효주인 풀케pulque를 생산해 왔다. 16세기, 스페인의 정복자들이 아즈텍 문명을 점령하고, 본국에서 가져온 브랜디가 다 떨어지자 아가베 발효주를 증류해서 먹게 되었다. 이것이 데낄라의 시작이었다. 1968년, 멕시코 올림픽을 필두로 세계적인 유행을 타게 되었다. 그 이후로도 꾸준한 세계적 인기를 자랑하며 이제는 멕시코의 대표적인 술로 자리매김했다.

지구온난화 현상의 피해를 직격으로 받고 있는 술이다. 원래 아가베가 다 자라는 데 10년 정도가 걸리는데, 여름이 갈수록 더워진 덕에 5~6년 만에 다 자라게 된다고 한다. 아가베는 더 빨리 자라기 위해 체내의 당분을 저장하지 않고 성장에 사용해서, 아가베 시럽에는 예전만큼 당분이 없단다.

일반적인 분류로 블랑, 오로, 레포사도, 아네호가 있다. 블랑은 말 그대로 화이트 데낄라다. 오로는 우리가 아는 대부분의 노랗고 싼 데낄라로, 블랑에 숙성 데낄라나 첨가물을 넣어 만든다. 레포사도는 2개월~1년 숙성의 준프리미엄급, 아네호는 1~3년 숙성의 프리미엄급이다. 3년 숙성 이상의 엑스트라 아네호도 있다.

데낄라의 음용

데낄라의 특징은 특유의 인삼 맛, 도라지 맛에 있다. 우리에게는 제법 익숙한 맛이다. 우리가 일반적으로 '샷 글라스'라고 부르는 길고 좁은 잔에 따라서 훅 마셔 버리면 된다. 스페인어로는 카발리토라고 한다.

당연한 말이지만 글렌캐런 잔이나 리델 잔 같은 비싼 시음 전용잔을 사용한다면 데낄라의 풍부한 향미들을 더욱 확실하게 감상할 수 있다. 원고를 위해 자료를 검색하다가 외국의 어떤 술꾼이 저렇게 주장한 것을 보았다. '데낄라, 더는 카발리토에 마시지 마세요. 리델이나 글렌캐런, 아니면 브랜디 글라스를 사용하세요.' 동의한다. 데낄라를 한 병 사는 김에 리델 잔도 사고 글렌캐런 잔도 사고 그렇게 사는 김에 널찍한 마당 딸린 집도 사고 거기 수영장도 파서 수영장에 발 담그고 데낄라를 마시면 참 좋을 거라고 생각한다. 당연히 대부분의 독주는 너무 차갑지 않은 온도에서 시음용 글라스에 마시는 게 좋다. 심지어 소주를 그렇게 마시는 것도 해 볼 만한 일일 것이다. 하지만 소주 특유의 향긋한 풍미를 살아나게 해서 기분을 잡치느니 차게 얼린 잔에 쭉쭉 부어 원샷을 하는 편이 나을 것이다. 데낄라의 경우도 대체로 그렇다.

'데낄라' 하면 생각나는 것은 소금과 레몬일 것이다. 커피와 소금, 그리고 라임 혹은 레몬 조각을 적당히 빨고 데낄라를 마시면 데킬라의 풍부한 향미가 줄어드는 대신 훨씬 시원한 청량감을 느낄 수 있다. 다른 유명한 방법으로는 역시 데킬라 슬래머가 있을 것이다. 긴 카바리토에 데킬라와 토닉워터를 반반 채우고, 테이블에 쾅 찍고, 솟아오르는 탄산을 즐기며 마신다. 다시 한 번 잔에 데킬라와 토닉워터를 반반 채우고, 테이블에 쾅 찍고. 이걸 반복하다 보면 언젠가 잔을 깨 먹거나 테이블을 뒤집거나 아무튼 뭔가 하나 깨 먹는다. 조용한 바 같은 곳에서 이걸 시도하면 바텐더가 실수로 당신의 머리통을 깨 먹을 수도 있다. 본토 멕시코에서는 '상그리타'라는 주스와 함께 자주 음용한다는데, 한국에도 없는 건 아닌데 구하기 편한 것도 아닌지라 그런 게 있다 하고 넘어가자. 데킬라의 역사를 고려해서 일단은 질좋은 브랜디를 마시다가 그게 다 떨어지면 데킬라를 마시는 것도 리델 잔에 데킬라를 마시는 것만큼 훌륭한 취향일지도 모르겠다. 주로 간단한 안주와 함께 먹지만, 술 자체의 향이 강하고, 의외로 동양적인 맛을 가진 데다가, 멕시코도 충분히 매운 음식으로 유명한 곳이기에, 한국의 맵고 짠 음식과의 궁합도 상당히 좋다.

칵테일 측면에서 보자면, 데킬라는 럼과 함께 꽤 까다로운 술이다. 자기 개성이 너무 강한 술이라 다른 술과 쉽게 어울리지 않는다. 하지만 럼보다는 편하다. 다행히도 매우 잘 어울리는 부재료들이 몇 개 있다. 술로는 트리플 섹과 카시스가 매우 잘 어울리고, 그 외의 음료로는 라임주스, 자몽주스, 토닉워터, 진저 에일, 칼린스 믹서 모두 무난하다(오렌지와 파인애플도 물론).

호세 쿠엘보 골드/실버
Jose Cuervo Gold/Silver

세계에서 가장 잘 팔리는 데낄라

호세 쿠엘보는 세계에서 가장 잘 팔리는 데낄라로, 2012년 통계에 의하면 세계 데낄라 시장의 35.1%를 점유하며, 2위인 사우자를 거의 더블 스코어로 제치고 그야말로 시장의 지배자로 군림하고 있다.

　　호세 마리아 과달루페 데 쿠엘보가 스페인의 국왕 카를로스 4세로부터 증류, 판매 허가를 받고, 1795년에 최초의 합법적인 '데낄라 메즈칼'을 증류해 근대적인 데낄라의 역사를 열었다(물론 원시적인 형태의 데낄라는 16세기경부터 증류되었다). 스페인의 국왕 페르디난드 4세가 불하한 땅으로부터, 스페인의 국왕 카를로스 4세의 증류 허가에 따라, 멕시코 전통주 '풀케'를 유럽식 증류

방식으로 만들어 낸, '멕시코를 대표하는 술' 데킬라의 역사가 시작된 것이다. 그리고 여전히 호세 쿠엘보는 '세계에서 가장 유명한 멕시코 술'이자, 세계에서 가장 잘 팔리는 데킬라다. 비바 멕시코! 스페인 식민 통치의 역사가 깊게 묻어 있는 술이지만, 어쨌거나 현대를 살아가는 우리에게 데킬라는 멕시코의 술이다. 매운맛을 지양하고 지중해성 기후의 축복을 누리며 재료의 맛을 살리는 스페인 요리보다는 맵고 짠 느낌의 멕시코 음식이 더 잘 어울리기도 한다.

한국에서 가장 쉽게 구할 수 있는 데킬라는 호세 쿠엘보 골드다. 실버는 그보다 약간 인지도가 떨어지는 느낌이다. 둘 다 가격 차원에서나 향미 차원에서나 그럭저럭 무난하다. 호세 쿠엘보 골드는 나름 레포사도급으로, 데킬라가 무릇 품고 있어야 할 향미들을 부담 없이 잘 드러낸다. 가격 면에서도 착실하고, 가성비도 훌륭하다. 사람들이 주로 나초와 함께 막 마시고 이튿날 숙취를 호소하는데, 타코, 부리또 정도만 구비해 둬도 훨씬 맛있고 숙취도 덜 할 것이다(그게 어렵다면 멕시칸 치킨이라도 주문해 먹자). 토닉워터보다는 콜라가, 주스로는 자몽주스가 절대적으로 잘 어울린다. 호세 쿠엘보 실버는 뭐랄까 '다이어트 콜라' 같은 느낌으로, 데킬라 특유의 찐득한 맛을 좀 제거하고 상큼함을 강조한 스타일의 데킬라다. '다이어트 콜라'라는 단어가 너무 부정적인 어감을 풍기지만, 이 표현만큼 골드와 실버의 차이를 잘 나타내는 표현도 없다. 절대로 호세 쿠엘보 실버가 골드에 비해 맛없다는 이야기가 아니다. 그저 맛의 계열이 그러하다는 말이다. 아, 둘 다 믹스토(아가베 함량 51% 이상)에 속한다.

마가리타
Margarita

가장 유명한 '가짜 전설'을 지닌 칵테일

멕시코의 어떤 바텐더가 사냥 중 불우한 사고로 죽은 연인 '마가리타'를 기리기 위해 만든 칵테일이라는 유명한 도시 전설이 퍼져 있는데, 이는 일본과 한국에서만 유명한 이야기다. 아마 만화 〈바텐더〉가 이 도시 전설의 확산에 지대한 영향을 끼쳤으리라 생각한다. 아, 참고로 영어권 웹페이지를 잠시만 뒤져 봐도 저 죽은 연인에 대한 이야기를 빼고도 마가리타의 기원에 대한 열 가지가 넘는 다른 이야기를 찾아볼 수 있다. 시간만 많다면, 마가리타의 기원에 대한 서른 몇 가지 이야기 정도를 찾아서 소책자로 엮어 볼 수도 있을 것이다. 기본적으로 독한 기주 — 스위트너 — 시트러스의 조합은 칵테일의 정석 조합이고, 칵테일이라는 단어가 대중화된 시절부터 존재했던 스타일일 테니까. 그만큼 유명하고 대중적인, 누가 마셔도 좋을 칵테일이니 다들 한마디씩 얹게 된 걸 것이다.

글라스
마가리타 글라스. 그러니까, 아래 얼음을 담을 수 있는 둥근 칵테일 글라스

재료
호세 쿠엘보 실버 50ml, 트리플 섹 20ml, 라임주스 15ml

제법
재료를 모두 섞은 후 소금을 리밍한 잔에 담는다.
데킬라를 충분히 많이 넣자. 마가리타는 비슷한 스타일의 칵테일인 화이트 레이디나 발랄라이카와 달리 독하게 마시는 쪽이 맛있는 칵테일이다.

이럴 때 좋을 한 잔

새콤달콤한데 술맛도 좀 세게 나고 이국적인 것이 필요할 때 만들어 마시자. 혹은 격한 운동으로 땀을 흘리고 소금이 모자랄 때 마시기에도 좋다. 바에서 친구들과 데낄라를 신나게 마시고, 키핑 대신 집에 들고 오는 걸 선택했지만, 혼자 데낄라를 한 잔 마시려니 도저히 써서 못 먹겠다는 느낌이 들 때도 좋다. 기주를 많이 넣는 편이 즐겁다. 데낄라니까. 데낄라가 너무 독하다면 보드카와 바나나 리큐르를 적당히 넣고(정말 적당히 넣자. 취향의 문제다), 오렌지주스와 섞은 후 그레나딘으로 그라데이션을 주면 '샌프란시스코'라는 칵테일이 된다. 보드카와 샌프란시스코가 무슨 관계인지는 잘 모르겠지만.

또 다른 제법 Tip

도무지 이유를 모르겠지만, 패트론을 제외한 실버 데낄라가 대형 마트나 주류점에 잘 없는 느낌이다. 없으면 없는 대로 레포사도나 아네호를 써도 나쁘지 않다. 기주-단것-신것의 조합은 대체로 적당한 균형미가 중요하지만, 이 친구는 그냥 데낄라를 있는 힘껏 넣는 쪽도 맛이 꽤 괜찮다.

사우자
Sauza

데낄라계의 '비운의 2인자'

탱커레이 진과 함께, 국내 시장 기준으로 '비운의 2인자' 느낌을
강하게 주는 술이라고 생각한다. 탱커레이나 사우자나 1인자인
비피터나 호세 쿠엘보에 비해 브랜드 인지도도 떨어지고 마케팅도
떨어지고 결정적으로 맛의 범용성이 떨어진다(이것은 참 슬픈
일이다). 하지만 이것이 품질의 열위를 증명하지는 않는다. 적어도
필자에게는 그러하다. 호세 쿠엘보보다 사우자를 선호하고,
비피터보다 탱커레이를 선호하는지라.

사우자의 홈페이지에도 별 내용이 없고 술의 역사도 딱히
흥미롭지는 않다. 특기할 만한 점이라면 미국에 최초로 데낄라를
수출했던 가문의 데낄라였다는 점과 꽤 많은 수상 경력을 가지고

있다는 점 정도일 것이다. 한국에서는 글쎄, 특유의 어감 때문에 한 번 들으면 잊기 힘든 술이어서 '마셔 본 사람은 잊어버리지는 않는데 마셔 본 사람이 별로 없고, 그냥 그런 술이 있지 뭐 그래' 정도의 술이 아닌가 싶다. 정식 수입되고, 대형 마트에서도 간간이 보이기는 한다.

일단 싸다는 것이 장점이다. 듀랑고나 테스코 데킬라 같은 '레일 데킬라'보다는 당연히 비싸지만 이름값 있는 데킬라치고는 상당히 저렴하다. 그렇다고 다른 데킬라에 비해 퀄리티가 떨어지지도 않는다. 사우자는 다른 데킬라와 비교하면 상대적으로 깔끔한 스타일이다. 데킬라 전반에서 드러나는 '낮고 굵은 인삼 맛'이 잘 느껴지지 않는다. 물론 저 특유의 향미를 좋아해서 데킬라를 마시는 사람에게는 결코 좋은 선택이 되지 못하겠지만, 데킬라 특유의 씁쓸한 맛은 좋은데 그 무게감과 향을 싫어하는 사람이 적지 않은 현실을 고려해 볼 때, 홈 파티용 데킬라로 사우자 한 병은 나쁘지 않은 선택이 될 것이다.

놓고 마시다 보면 가끔 왜 이게 점유율 1위가 아닐까 하는 생각이 들기도 한다. 엔트리급 데킬라 중에서 가장 편하게 마실 수 있는 것 같은데. 굳이 '데킬라를 마셔야겠다'라고 생각하는 사람들은 역시 편한 느낌보다는 데킬라적인 느낌을 더 선호해서 그럴까, 라는 생각이다. 편하고 범용적인 만큼, 칵테일의 재료로 사용할 때도 무난하다. 물론 '데끼이이이일라 데킬라아아아 데킬라를 마실 거다'라는 느낌으로 마시자면 가볍고 소프트한 느낌의' 사우자나 그 칵테일이나 답이 아닐 수 있겠지만.

팔로마
Paloma

멕시칸 소맥

멕시코에서 가장 인기 있는 칵테일 중 하나라고 알고
있는데(멕시코에 가 보진 않았지만 많은 칵테일 북과 잡지들이 그렇게
소개한다), 한국에서는 그렇게 유명한 칵테일이 아닌 느낌이다.
그렇다고 또 완전히 '듣보잡' 취급은 아닌 느낌이고. 그럭저럭
이것저것 갖춘 바에서는 대충 다 판매하는 듯하다. 모히토와 함께
양대 여름용 칵테일이라고 생각하고, 좋아한다. 소맥과 마찬가지로,
완벽한 공식 레시피라고 할 만한 것이 없다. 다양한 칵테일 레시피
북마다, 혹은 적당히 이국적인 여름용 드링크를 소개하는 멋들어진
필체의 잡지마다 조금씩 다른 레시피를 보여 주는데, 핵심은
데킬라와 라임주스와 자몽주스와 탄산수와 소금이다. 비율도
제각각이고, 소금을 얼음 위에 띄우는 레시피에서 소금을 잔에
리밍하는 레시피에 이르기까지 다양하다. 소금을 아예 쓰지 않아도
좋다. 다만, 다른 하이볼 스타일의 칵테일에 비해 기주를 많이 넣는
편이 즐거운 맛을 보장해 줄 것이다. 데킬라 칵테일이니까. 아,
이름인 팔로마는 스페인어로 비둘기를 뜻하는 단어라 한다.

글라스
하이볼 글라스

재료
사우자 60ml, 라임주스 15ml, 자몽주스 30ml, 토닉워터 70ml

제법
재료를 빌드하고 라임 조각을 넣자. 취향에 따라 소금을 잔에 리밍해도 좋고

얼음 위에 띄워도 좋고 소금 같은 건 잊어버려도 좋다.

이럴 때 좋을 한 잔
모히토가 필요한데 모히토가 너무 달다고 느껴질 때, 진 토닉이 필요한데
집에 진이 없을 때(잠깐, 집에 진도 없는데 데낄라와 자몽주스와 라임이 있을
확률은? 그런 어려운 문제에 대해서는 넘어가도록 하자) 만들어 마시면 좋다.
여름에 친구들과 데낄라 세 병을 사서 파티를 벌이고 난 후, 2/3병 정도 남은
데낄라가 처치 곤란인 상황일 때도 좋다.

또 다른 제법 Tip
역시 다른 하이볼 칵테일에 비해서 기주, 그러니까 데낄라를 많이 넣고
마시는 게 좋다. 너무 독하게 느껴지면 아가베 시럽이나 자몽 시럽을 좀 넣어
보는 것도 좋다. 시럽을 추가하게 된다면 탄산수를 뺀 재료들을 셰이크한
후에 거기 탄산수나 토닉워터를 채우는 게 좋다. 잘 안 섞이니까.

몬테 알반
Monte Alban

데낄라는 아닙니다. 그러니까

몬테 알반은 데낄라가 아닌 메즈칼이다. 앞서 이야기했듯,
메즈칼과 데낄라는 모호한 관계에 있다. 다른 술이라고 하지만,
재료와 제법과 향미 차원에서 상당히 유사하고(물론 멕시코 전통주
생산자 연맹의 암살단 등에 소속된 사람 앞에서는 이런 말을 하지 않는
쪽이 좋다), 데낄라를 메즈칼의 하위 범주로 구분하기도 한다.
멕시코 전통주의자들의 위협에도 불구하고 데낄라 챕터에서
메즈칼인 몬테 알반을 이야기하는 이유는 이러하다. 나는 메즈칼에
대해 짧게라도 소개하고 싶은데, 메즈칼은 한국에서 그닥
대중적이지 않고, 몬테 알반은 한국에서 쉽게 구할 수 있는 메즈칼
중 하나이기 때문이다(이 정도면 멕시코 전통주를 향한 사랑을 그나마

증명했으리라 생각한다. 부디 총알을 거두시기를).

몬테 알반은 메즈칼 생산으로 유명한 와하카에서 생산된다(애초에 몬테 알반은 와하카의 유명한 고대 유적지 이름이다). 피냐pina(잎과 가지를 제거한 아가베 속살)를 찐 후 두 번 증류해 조금 더 '깔끔한'느낌을 주는 데킬라와 달리, 메즈칼은 피냐를 돌가마에 넣고 피트 불로 구운 후 한 번 증류해 만들기에 훨씬 더 강렬하고 화려한 맛을 낸다.

몬테 알반의 가장 큰 특징은 역시 병에 애벌레가 들어 있다는 것이다. 이는 많은 와하카 메즈칼의 특징으로, 1940년대부터 유행하기 시작했다. 이 애벌레는 용설란을 파먹는 나방의 유충으로, 멕시코 요리의 재료로 자주 사용되는 식용 벌레다. 메즈칼 생산자들은 이렇게 어필했다. '우리 메즈칼은 순도 높은 증류로, 벌레가 들어가도 상하지 않는다.' '벌레가 들어간 메즈칼이야말로 진짜 메즈칼이다.' 하지만 상식적으로 생각해 보자. '벌레 먹은 잎'을 사용하고, 그 벌레가 완성품에 그대로 모습을 드러내는 술이 과연 '고급'일까. 그저 떨어지는 농업 수준과 증류 기술을 눈속임하려는 마케팅일 뿐이다. 어쨌거나 재미있는 이야기인 데다 마케팅에도 도움이 되었는지, 몬테 알반뿐 아니라 다른 메즈칼에서도 이 애벌레를 쉽게 찾아볼 수 있다. 맛은 그냥 뭐, 어차피 술에 쩔은 단백질일 뿐이다.

폭발할 것 같은 화려한 스파이스의 향미와 약간의 매콤함, 맛의 무게감만으로 텁텁함이 느껴질 정도의 가득 찬 풍미, 스모키함이 느껴진다. 원래의 음용법은 아무것도 섞지 않고 그냥 쭉쭉 들이켜는 것이며, 가장 어울리는 안주로는 '살 데 구사노(벌레 소금. 애벌레 튀김과 고춧가루, 소금을 갈아 만든 멕시코 향신료)'로 양념한 오렌지가 꼽힌다. 아무래도 한국에서 구하기는 어려울 테니, 번데기로 대체하면 어떨까. 나쁘진 않을 것 같다.

데낄라 선라이즈
Tequila Sunrise

예쁘고, 편하고, 싸고. 시대정신이 담긴 칵테일

제법이나 재료를 보면 꽤 고전적인 칵테일일 것 같지만, 우리가
아는 그라데이션이 선명한 '데낄라 선라이즈'는 1970년대에 탄생한,
상당히 어린 칵테일이다. 적당히 예쁘고, 마시기 편하며, 도수도
적당하다. 인터넷을 보면 예쁜 그라데이션을 위해 바 스푼을 글라스
안쪽 벽면에 대고 그 위로 천천히 그레나딘 시럽을 따르라는 조언이
있는데, 그러면 글라스 벽면에 그레나딘 시럽이 지나간 자국이
선명히 남아서 별로 예쁘지 않게 된다. 시중에서 쉽게 구할 수
있는 지룩스 그레나딘 시럽의 경우, 만들어진 칵테일과 비중 차가
워낙 크기에 잔의 정중앙에 시럽을 붓기만 해도 충분히 보기 좋은
그라데이션이 나온다. 바 스푼을 글라스 내측 벽면에 대고 그 위로
천천히 뭘 흘리는 건, 애매하게 비중이 가벼운 액체를 무거운 액체
위에 쌓을 때나 필요한 기술이다. 아, 이 친구도 데낄라 기주의
칵테일이니, 데낄라의 양은 늘릴수록 맛있다.

글라스
하이볼, 발룬 글라스

재료
몬테 알반 45ml, 오렌지주스 90ml, 그레나딘 시럽 10ml

제법
데낄라와 오렌지주스를 빌드하고, 그레나딘 시럽을 천천히 붓는다.
그냥 아무거나 넣고 그레나딘 시럽으로 그라데이션을 만들면 'XX
선라이즈'가 된다. 시판되는 그레나딘 시럽의 점도와 밀도는 충분히
훌륭하므로 천천히 따르기만 하면 된다. 생각보다 어렵지 않다. 파이팅.

아, 예쁜 그라데이션과 맛을 위해 적당히 작은 얼음(집 냉동고 얼음칸의 얼음 정도면 좋고 그보다 조금 작아도 좋다)을 사용하자.

이럴 때 좋을 한 잔
데킬라, 오렌지주스, 그레나딘 시럽. 웬만한 동네 마트에도 있을 단 세 가지의 재료로 예쁜 칵테일을 만들고 싶을 때, 스크류 드라이버에 대해 이야기하며 언급한 수많은 '오렌지주스 칵테일'이 모두 지켜졌을 때 좋다.

또 다른 제법 Tip
데킬라 선라이즈뿐 아니라, 기본적으로 '완성된 칵테일에 비중이 무거운 시럽을 넣어서 만드는 칵테일'은 굳이 바 스푼으로 천천히 흘리는 테크닉을 사용하지 않고 그냥 '천천히 넣는다'는 느낌으로 넣으면 된다. 이를 이용해서 재미있게 만들 수 있는 칵테일로는 브레인 헤머리지, 몽키 브레인이 있다. 먼저, 작은 잔에 피치 리큐르를 넣는다. 다음으로 비중이 가벼운 베일리스 아이리시 크림을 천천히 쌓는다(이때는 바 스푼을 벽면에 대고 흘리도록 하자. 물론 천천히만 넣으면 상관없다). 그렇게 층이 쌓인 술 위로 그레나딘을 퐁당 떨어뜨리면 층이 붕괴하며 굉장히 뇌출혈이 일어난 것 같은 비주얼의 칵테일이 완성된다.

패트론 실버
Patron Silver

세계 최고의 울트라 프리미엄 데낄라

패트론 실버는 돈 훌리오와 함께 한국에서 구하기 쉬운 양대 프리미엄 데낄라일 것이다. 대부분의 '프리미엄'이라는 단어가 그렇듯, 패트론의 성장 과정에서도 마케팅과 광고가 중요한 역할을 했다. 2000년대 초반까지만 하더라도 미국 시장에서 데낄라는 '재미있지만 이상한 맛이 나는 술'이라는 인식이 강했다고 하나, 패트론 사는 '매우 순수하며, 복합적인 향을 음미할 수 있는 프리미엄 데낄라'라는 모토를 통해 프리미엄 데낄라 시장을 선점하고, 전체 데낄라 시장에서 지분을 쌓아 가기 시작했다.

패트론의 홈페이지는 '세계 최고의 울트라 프리미엄 데낄라'라는 문구로 술꾼들을 유혹한다. 오오, '울트라 프리미엄 보드카'라고 자칭하는 시락 보드카와 비슷한 가격이라면 좋겠으나 시락보다 대략 두 배 정도 비싸다. 패트론은 엄선된 아가베를 재료로 최신의 기술을 통해 만들어지며, 심지어 데킬라가 담기는 병마저도 일일이 수제로 만든 비싼 병을 사용한다(예쁘다). 각 병의 뒤편에는 수기로 일련번호가 쓰여 있다. 사소한 부분까지 신경을 쓴, 그야말로 슈퍼 프리미엄 스피릿의 전형이라고 할 수 있다. 가격과 품질 모두 굉장하다. 패트론 실버는 국내에서 구할 수 있는 다른 '평범한' 데킬라보다 세 배에서 네 배 정도 비싼데 맛이 없으면 곤란하다. 해외 가격은 40~50달러 선으로, 비슷한 해외 가격의 다른 술들과 국내 가격을 비교하면 지나치게 비싼 감이 있긴 하다. 하지만 가격만큼 맛있다. 한 바텐더는 '패트론 자체가 엄청 맛있는 것은 아닌데, 일단 마셔 보면 일종의 데킬라 현자타임이 일어나서 당분간 다른 데킬라를 마시기 힘들어요'라는 흥미로운 평을 남겼다.

패트론 실버가 자랑하는 대로, 정말 깔끔하면서도 데킬라 특유의 향을 잘 살린 걸작이다. 다른 데킬라와의 가장 큰 차이는 데킬라 특유의 스파이스함이 텁텁한 느낌을 주지 않는다는 것이다. 여전히 스파이스의 느낌은 폭발적이나, 그게 텁텁하고 낮고 불쾌하게 깔린 느낌이 아니라 산뜻하고 부드럽게 혀와 입을 자극한다. 2000년대의 광고대로, '데킬라 자체의 저급한 맛을 싫어하는 사람들'에게도 어필할 수 있는, 데킬라 이상의 데킬라다. 당연히 여러 칵테일의 재료로도 적합하다. 하지만 이런 바텐더 농담이 있기는 하다. '패트론 마가리타를 시키는 사람은 8달러짜리 음료를 굳이 12달러 내고 마시고 싶어 하는 돈 많은 멍청이들뿐이다.' 동의하지는 않지만 나름 유쾌한 농담이 아닌가 싶다.

모킹 버드
Mockingbird

존재감 넘치는 재료들의 향연

패트론 실버 정도 되는 데낄라는 웬만하면 그냥 마시는 편이 낫다.
당연히 비싼 재료를 잘 쓰면 더 맛있는 결과가 나오지만, 초보가
홈 메이킹을 하는데 패트론 실버라니, 뭘 해도 데낄라가 아까운
결과가 나올 확률이 100%일 테니 차라리 힘세고 강한 칵테일을 하나
소개하고자 한다. 이름하여 모킹 버드다. 재료부터, 데낄라와 함께
일단 민트 리큐르와 라임주스라는 존재감 넘치는 재료가 들어간다.
세 가지 재료 다 조금만 들어가도 범상치 않은 존재감을 뿜어내는데,
셋 모두 적지 않은 양이 들어간다. 설탕 시럽 저만큼으로 밸런스를
제대로 잡을 수 있을까? 아니, 못 잡을 것이다. 그래도 한번 해
보자. 재미있게! 도저히 이런 건 못 마시겠다 싶으면 일단 시럽을
치우고, 민트 리큐르를 뺀 후에, 민트 리큐르가 들어갔어야 할
양만큼의 카시스를 넣어 보자. 퍼플 판초라고, 데낄라 칵테일 중에
가장 무난한 칵테일이 완성된다. 물론 그것도 기본적으로 데낄라
칵테일이니, 딱히 엄청나게 무난한 맛은 아니지만 말이다.

글라스
칵테일 글라스

재료
패트론 실버 60ml, 민트 리큐르 15ml, 라임주스 15ml, 설탕 시럽 10ml

제법
재료를 모두 넣고 셰이킹해서 칵테일 글라스에 담는다.

이럴 때 좋을 한 잔

패트론 실버로 데낄라 파티를 했는데 남았…을 리는 없을 것이다. 그만큼 맛있는 데낄라니까. 패트론 실버에 소개하기는 했지만, 굳이 반드시 패트론 실버를 쓸 필요는 없다. 민트가 '치약 맛'이 아닌 '실로 리프레싱한 맛'이라고 느끼는 사람들이 2명 이상 있다면 오레오 민트 맛과 곁들여 먹도록 하자.

또 다른 제법 Tip

집에서 처음 만들어 본다면, 어떻게 만들어도 반드시 데낄라 맛이나 민트 맛이나 라임 맛이 튀게 되어 있다. 이는 신의 섭리이므로 어쩔 수 없다. 민트 리큐르를 넣고 셰이크하는 칵테일들이 그렇듯, 셰이킹하기 전에 재료를 넣고 생민트 잎을 약간 빻아 넣으면 더 차분한 맛이 된다.

럼
Rum

럼이란?

럼의 이미지는 매우 명료하고 단순하다. 바다, 남자, 범선, 해적, 대항해시대, 카리브해, 대충 이런 이미지가 떠오른다. 당신이 술꾼이라 자부한다면, 높은 확률로 한 번쯤은 바카디 151에 불을 붙여 먹는 시도를 해 봤을 것이다.

한국과 럼은 그다지 잘 어울리지 않는다는 생각을 가끔 한다. 한국은 식민지를 거느린 해양성 국가도 아니며(럼은 대항해시대의 술이다), 아열대 기후도 아닌지라 사탕수수를 대량으로 재배하지도 않는다(럼은 싸게 재배된 다량의 사탕수수를 상대적으로 쉬운 주조 방식을 통해 만드는 술이다). 그리고 럼을 더욱 맛있게 해 주는 마법의 부재료인 라임을 비롯한 열대 과일을 재배하는 것도 아니다. 그리고 한국 음식과 마시기에는 너무 달다(한국의 맵고 짜고 달달한 음식과 편안한 마리아주를 이루려면 심플한 단맛보다는 역시 보드카나 희석식 소주처럼 달면서 쓰거나, 진처럼 쓴 편이 낫다). 럼의 주산지이자 주 소비처인 남미, 스페인어 문화권과의 물리적, 문화적 거리감도 제법 되는 편이다. 이러한 이유로, 나는 한국에서 럼이 대중화되기는 조금 힘든 부분이 있다고 생각한다. 하지만 그게 무슨 문제인가. 먹고 싶으면 먹는 거지.

'남미 술'이라는 이미지와 달리, 럼의 역사적 정체성은 복잡하고 불분명하다. '럼'이라는 단어의 어원에 대해서도 다양한

설이 존재한다. 영국 속어 '짱짱'을 의미하던 rum이 그대로
사용되었다는 설도 있고, 역시 영국의 옛 속어로 소란 또는 혼란을
의미하던 rumbullion의 앞 글자를 땄다는 설도 있고, 집시어로
'독한'을 의미하는 rum이 어원이라는 이야기도 있고, 네덜란드
선원들이 쓰던 술잔인 rummer에서 왔다는 설도 있고, 라틴어로
'한 번 더'를 의미하는 iterum의 뒷 글자를 땄다는 설도 있다.
기원의 다채로움을 통해 우리가 배울 수 있는 사실은 '역시 럼은
식민지시대에 잘나가던 유럽 해양 국가들의 술이로구나' 하는
것이다. 하지만 럼, 그러니까 '사탕수수즙으로 만든 술'은 인도,
중국, 말레이시아를 포함하는 동남아시아에서 시작되었다. 1000년
이상의 역사를 지닌 말레이시아의 전통주 '브럼'은 현존하는
럼의 기원이 되는 술 중 하나다. 물론 이러한 '사탕수수 술'이
대량 생산되고 보급된 것은 유럽의 선원들이 신대륙을 발견하고
정복해 나가던 대항해시대 후반~식민지시대 초반의 일이다.
17세기 중반, 자메이카를 정복하고 남아도는 사탕수수를 처리해야
했던 영국 해군은 보급 주류를 브랜디에서 럼으로 변경했다. 이
시기에 럼과 관련한 가장 유명한 단어인 '그로기'가 탄생했다.
당시의 영국 해군 제독 에드워드 버논은 현대의 많은 높으신
분들과 마찬가지로, '아랫것들이 술 처먹고 사고 치면 어쩌지' 하는
고민을 했다. 그래서 그는 '럼에 물을 타서 보급하면 될 거야'라는
천하의 몹쓸 놈 같은 어처구니없는 명령을 시행했다. 그렇게 물
탄 술은 버논 제독이 즐겨 입던 그로그램 소재의 외투의 이름을
따라 '그로그'라는 이름으로 불렸다. '그로기 상태'란 단어는 그
그로그를 마시고 맛이 간 상태에서 유래한다.

대부분의 술이 그렇지만 특히나 근본 없는 술인 럼은
그렇기에 굉장히 다양한 분류 체계를 가지고 있다. 볼륨이 작은
칵테일 북 수준에서는 모르겠지만, 조금 볼륨이 있는 칵테일

북이나 심화된 내용을 담고 있는 웹사이트를 보면 별의별 럼이 다 나온다. 자메이칸 럼, 화이트 럼, 골드 럼, 다크 럼, 오버프루프 럼, 스파이스드 럼. 거기에 카샤사, 코코넛 럼까지 들어가면 머리가 아파 온다. '자메이칸 럼, 화이트 럼, 골드 럼을 1/2온스씩 넣고' 로 시작되는 레시피를 보고 있자면 대체 나는 누구이며 여긴 어디인지에 대한 고민이 시작되기도 한다.

럼의 음용

럼은 기본적으로 달다. 단맛 뒤로는 특유의 풀 비린내가 살짝 올라오고, 럼의 종류와 브랜드에 따라 풍만한 과일 향이나 톡 쏘는 알코올 향, 다채로운 스파이스의 향이 올라온다. 그리고 다른 독주에 비해 상당히 끈적거린다. 실수로 탁자나 그 외의 물건에 쏟게 되면 기분이 매우 언짢아진다.

'무작위로 고른 럼'은 높은 확률로 굉장히 위험하다. 특유의 달고 끈적한 맛 덕분에 어지간한 럼 애호가가 아닌 이상 스트레이트로 쭉쭉 마시면 쉽게 질린다. 어울리는 부재료(라임과 자몽과 패션프룻, 파인애플 정도)는 대체로 구하기 귀찮다. 생선과 먹자니 끈적거리는 단맛이 입에 남고, 고기를 구워 먹자니 고기의 기름기와 럼의 끈적함이 불쾌한 콜라보를 형성한다. 어찌어찌 술병을 다 비운 이튿날은 다른 술에 비해 상대적으로 강렬한 숙취로 고생할 것이다(당신이 한국에서 무작위로 고른 럼은 무작위로 고른 다른 분류의 술에 비해 상대적으로 짧은 숙성 또는 단순한 증류를 거쳤을 확률이 높다).

이렇게 쓰고 보니 럼에 대해 적대적인 사람처럼 보이는데 뭐, 어느 정도는 그렇다. 앞서 말했듯 럼은 한국에서 편하게 마시기 좋은 술도 아니고, 필자 개인적인 취향에서도 벗어나 있다. 하지만 라임과 함께라면 전세는 역전된다. 럼 특유의 '끈적함'을 지워 줄

화사하고 상큼한 열대 과일로 안주를 준비한 상태라면 금상첨화다. 한여름 바닷가에서 이런 술판을 벌인다? 자, 쿠바에 오신 것을 환영합니다. 마이애미 해변을 떠올려도 좋다. 럼, 설탕, 라임, 민트, 탄산수로 만드는 칵테일인 모히토는 언제나 옳다.

과일은 대부분의 술과 잘 어울리지만, 럼과는 더욱 잘 어울린다. 여름의 선물은 럼과 완벽한 궁합을 이룬다. 여름의 분위기를 타고 한정적으로 수입되는 다채로운 열대 과일에 도전해 보고 싶다면 럼을 사자. 큰 잔에 아무 럼이나 넣고 아무 과일이나 좀 으깨고 아무 음료나 넣어 보자. 고리타분하고 괴팍한 옛 시대의 싸구려 음료는 긴 세월의 바다를 건너와, 잔 안에서 새로운 활기로 불타오를 것이다. 이름이 어렵고 생긴 게 괴상한 낯선 과일일수록 좋다. 레몬과 오렌지는 잠깐 접어 두자(껍질 특유의 쓴맛 때문에 럼과 아주 좋은 조합을 내진 못한다). 단맛은 더 이상 단점이 되지 못한다. 설탕이나 심플 시럽을 더 넣어도 좋다.

칵테일 측면에서도 럼은 기본적으로 라임 또는 라임주스와 강한 연결고리를 가진다. 일단 럼 칵테일의 대표주자인 모히토와 다이키리로 시작해 보자. 엄격한 분류상으로는 보드카에 가깝지만 일반적으로 럼으로 분류되는 브라질의 국민 술인 카샤사를 이용한 칵테일 카이피리냐는 어떤가. 아, 럼과 라임을 이야기하며 쿠바 리브레를 잊으면 섭섭하다. 애초에 영국 해군이 럼을 지급하던 시절부터, 럼과 라임은 훌륭한 짝을 이뤄 왔다. 400년간의 항해를 함께한 역사를 무시하면 안 된다. 럼은 비단 라임뿐 아니라, 다른 종류의 과일주스와도 좋은 궁합을 보이며 '트로피컬 칵테일'의 중심축을 담당한다. 물론 특유의 개성 때문에 클래식 칵테일, 혹은 알코올의 향 자체를 중시하는 칵테일의 라인업은 상대적으로 약하지만 폴라 숏 컷이라거나 엘 프레지덴테처럼 '고전적인 단맛'을 자랑하는 훌륭한 칵테일을 무시할 수 없다.

하바나 클럽/바카디
Havana Club/Barcardi

쿠바 혁명의 세 아들들: 하바나 클럽, 바카디, 그리고 '하바나 클럽 바카디'

가장 대표적인 럼 두 종류를 꼽으라면 화이트 럼과 다크 럼일 것이고, 가장 대표적인 럼 브랜드를 꼽으라면 하바나 클럽과 바카디일 것이다. 특정한 맥락이 개입한다면 가장 유명한 럼은 팜페로일지도 모르고 캡틴 모건일지도 모르지만, '한국 주류 시장' 기준으로는 하바나 클럽과 바카디일 것이다. 이 둘은 기묘한 역사적 접점이 있기에, 함께 설명하는 쪽이 나으리라.

먼저 하바나 클럽의 역사에 대해 알아보자. 1862년, 열다섯 살 난 스페인 소년 호세 아레카발라 알다마는 쿠바에 도착했다. 타고난 근성과 열정으로 그는 1878년 아레카발라 증류소를 창립하는 데 성공했다. 후에 가문의 일원이 납치되어

살해당한다거나 가족 간의 분쟁으로 살인 사건이 일어나는 등의
막장 드라마를 몇 편 찍은 아레카발라 가문은 1934년, 역사에 길이
남을 작품인 '하바나 클럽' 럼을 생산하기 시작했다. 하지만 가문에
마가 끼었는지, 이제 성공했다 싶으니 쿠바 혁명이 발발했다.
아레카발라 가문은 스페인으로 탈출하게 되고, 아레카발라 가문의
하바나 클럽 증류소의 설비는 피델 카스트로와 체 게바라를
위시한 쿠바 혁명군에게 압류됐다. 지금 우리가 한국에서 마시는
하바나 클럽은 이때 압류된 설비에서 생산되고 있는, 쿠바 국영
기업의 상품이다. 공산당의 물건이라고 멀리해야 할 필요는 없다.
그래도 뭔가 찝찝한 분들을 위해 살짝 부연하자면, 1994년 쿠바
정부는 세계적 주류 기업인 페르노리카와 50:50으로 출자해
'하바나 클럽 인터내셔널'이라는 회사를 설립하고, 이 회사를 통해
하바나 클럽 인터내셔널을 생산하기 시작했다. 즉, 인민의 피땀이
반, 냉혈한 국제자본이 반 들어 있는 술이니 정치와 상관없이
그냥 맛을 즐기면 된다. 하지만 미국에서는 이 술을 구하기 조금
까다롭다. 일단 미국과 쿠바의 사이가 그다지 좋지 않다. 술뿐
아니라 쿠바산 시가도 미국에서는 원칙적으로 불법이다. 두 번째
문제로, 하바나 클럽의 상표권과 역사가 제법 복잡하다.

　　다시 쿠바 혁명으로 돌아가 보자. 하바나 클럽 증류소를
운영하는 아레카발라 가문은 혁명을 피해 스페인으로 도망치고,
미국으로 이주했다. 1994년, 아레카발라 가문은 바카디 사와
동맹을 결성했다. 함께 시제품을 만들어 본 후, 아레카발라 가문은
바카디 사에 '하바나 클럽'의 상표권과 레시피를 양도했다. 이렇게
해서 '하바나 클럽 바카디'가 탄생했다. 문제라면, 이미 프랑스계
회사인 페르노리카의 자회사 '하바나 클럽 인터내셔널'이 세계
시장과 미국 내의 '하바나 클럽'의 상표권을 가지고 있다는 것이다.
사실 딱히 문제될 것도 없다. 미국 입장에서 저 문제의 상표권이

'적성 국가가 불법적으로 압류한 상표권'이라는 게 문제지. 덕분에 여전히 상표권에 대한 지리한 법적인 공방이 이루어지고 있다. 개인적으로 '하바나 클럽 인터내셔널'과 '하바나 클럽 바카디'를 비교 시음해 보고 싶은데, 국내에선 하바나 클럽 바카디를 구할 길이 없으니 아쉬운 일이다.

이제 쿠바 혁명 이전으로 돌아가보자. 19세기 초반, 바카디 사의 창립자 마쿤도 바카디 마소는 탄소 여과와 숙성을 통해 동네 선술집에서나 취급했던 싸구려 술이었던 럼을 '근대적 증류주'로 격상시켰다. 근대적 화이트 럼의 아버지라 할 수 있는 그는 19세기 중반 바카디 증류소를 설립했다. 후에 손자 에밀리오 바카디가 증류소를 이어받아 확장시키며, 스페인의 통치에 대항한 쿠바 독립운동에 열정적으로 참여했다. 1898년, 미국의 개입을 바탕으로 쿠바는 스페인으로부터 독립했다. 미 군정은 에밀리오 바카디의 독립운동 경력(과 미국과의 친분)을 인정해 그를 쿠바의 산티아고시 시장으로 임명했다. 이 시기에 쿠바의 독립을 기념하는 칵테일, '쿠바 리브레(자유 쿠바)'가 탄생했다. 쿠바의 바카디 럼과 미국의 코카콜라로 만들어진 '쿠바 리브레'는 스페인을 상대로 승리와 독립을 쟁취한 미국 — 쿠바의 동맹을 상징한다.

잘나가던 바카디 가문은 쿠바 혁명 과정을 통해 무너졌다. 쿠바 혁명 초기, 바카디 가문은 피델 카스트로의 혁명군을 지원하며 혁명군과 CIA 사이의 중개자 역할을 했다. 하지만 쿠바 혁명 진행 과정에서 체 게바라의 급진파가 혁명군 내의 주도권을 잡게 되자, 바카디 가문과 쿠바 혁명군의 호의적인 관계는 끝나고 말았다. 1960년 10월, 피델 카스트로는 쿠바 내의 모든 산업을 국유화하고 산업 계좌를 동결시키고, 바카디 가문은 바하마로 도망쳤다. 이후 바카디 가문은 푸에르토리코와 멕시코에 증류소를 건설하고, 바카디 럼을 계속 생산했다.

정리해 보자면, 우리가 마시는 '근대적인' 럼은 19세기 초반, 증류가 마쿤도 바카디 마소의 손에 의해 쿠바에서 태어났다. 쿠바의 '하바나 클럽 인터내셔널'은 이러한 쿠바의 유산을 계승하며, 쿠바에서 생산되고 있는 현존하는 유일한 쿠바 럼이다. 바카디 사의 '바카디 럼'은 푸에르토리코에서 생산되고 있으나, 근대적인 '쿠바 럼'의 역사와 기술의 원천을 계승하고 있다. 바카디 사의 '하바나 클럽 바카디'는 '하바나 클럽' 브랜드와 증류소, 레시피를 만든 아레카발라 가문의 레시피를 전승하고 있다. 오직 지역성을 기준으로 '쿠바 럼'을 이야기한다면, 하바나 클럽 인터내셔널만이 유일한 쿠바 럼이라 할 수 있다(실제로 럼의 지역적 구분에서, 바카디 럼과 하바나 클럽 바카디는 푸에르토리칸 럼으로 분류된다). 하지만 쿠바 럼을 둘러싼 복잡한 역사와 전통을 무시하고 단순한 지역적 환원을 시도하는 것이 어떤 의미가 있을까. 실제로 바카디 사는 여전히 '쿠바 럼'으로서의 정체성과 자부심을 강하게 어필하고 있다. 단지 '쿠바 럼'이 가지는 상품성 때문만은 아닐 것이다.

바카디 화이트는 정제된 달콤함의 느낌이 강하고, 하바나 클럽 3년은 약간 정돈되지 않은 화려한 향미가 느껴진다. 몇 년 전만 해도 바카디 화이트가 국내의 화이트 럼 시장을 완전히 장악한 느낌이었는데 이제는 시대가 많이 변한 듯싶다. 바카디도 많이 보이고 하바나 클럽도 많이 보이고 브루갈도 많이 보인다. 사실 바카디건 하바나건, 럼이란 과일과 바다와 함께라면 충분히 맛있고 그렇지 않다면 딱히 추천할 만한 술이 아니다. 역사적인 모히토를 마시고 싶다면 역시 '쿠바 땅에서 나는' 하바나 클럽 3년을 추천하고, 역사적인 쿠바 리브레를 마시고 싶다면 바카디 화이트를 추천해 볼 수 있을 듯하다. 아, 바카디와 하바나의 다크 럼도 훌륭하다. 하바나 클럽 7년도, 바카디 8년도.

모히토
Mojito

최고의 여름 음료

럼 칵테일의 제왕, 모히토다. 모히토의 원형은 16세기, 영국 해군 프랜시스 드레이크가 괴혈병 치료를 위해 사탕수수 술, 설탕, 라임, 민트를 섞은 음료를 개발한 것으로 거슬러 올라가지만, '모히토'라는 이름 자체가 언제 생겼는지, 어떤 유래를 지니는지는 불분명하다. 세계적으로나 국내적으로나 아마도 가장 인기 있는 칵테일 중 하나로, 굉장히 다양한 변용이 존재한다. IBA(국제 바텐더 연합)의 레시피는 스피어민트를 사용하고, 본토 쿠바 모히토의 경우 특유의 상큼한 쓸쓸함을 위해 비터를 첨가하지만 또 '대중적인 모히토'는 역시 아무래도 달콤하고 시원한 여름 음료의 이미지를 위해 애플민트를 사용하거나 '더 달콤한 재료'를 추가하기도 한다. 뭐 요즘 보면 한국식으로다가 소주에 깻잎을 사용하는 코리안 모히토 그런 것도 있더라. 그것도 나쁘지 않을 것이다. 필자는 마셔 보지 않았고, 앞으로 당분간은 마셔 볼 계획도 없지만.

글라스
하이볼 글라스

재료
하바나 클럽 3년 45ml, 적당량의 애플민트 잎, 라임 대략 1/2개, 설탕 1티스푼, 토닉워터 70ml

제법
토닉워터를 제외한 모든 재료를 잔에 넣고 머들링 후 토닉워터로 채운다. 이 레시피는 정말 편하게 마시는 여름 음료용 모히토 레시피로, '쿠바식 정통' 모히토를 마시고 싶다면 민트를 스피어민트로, 토닉워터를 무향 탄산수로 바꾸고 약간의 앙고스투라 비터를 첨가하자.

이럴 때 좋을 한 잔
역시 모히토는 여름 음료의 제왕이다. 향미의 차원에서도 그렇지만, 재료의 차원에서도 그러하다. 여름이 겨울보다 라임 유통도 잘되는 편이고 민트 가격도 싸다.

또 다른 제법 Tip
허브를 '머들링'할 때 중요한 건, 줄기가 다 으깨질 정도로 허브를 빻지 않는 것이다. 허브가 가진 특유의 향만 나올 정도로 살살 빻도록 하자. 이는 모히토뿐만 아니라, 허브를 머들링하는 모든 칵테일에 해당된다. 보기도 안 좋고, 풀의 쓴맛도 올라오기 때문이다.

폴라 숏 컷
Polar Short Cut

현대적 고전

1957년, 스칸디나비아 항공이 코펜하겐 — 도쿄 간 북구 일주 항로 개설을 기념해 개최한 칵테일 콘테스트에서 1위로 입상한 작품. 칵테일 명은 '북극권을 최단거리로 비행한다'는 의미라고 하는데 세계적으로 아주 유명한 칵테일은 아닌 느낌이다. 그럼에도 불구하고 이 녀석을 소개하는 이유는, 만화 〈바텐더〉에서 나와 유명하기도 하며, 다크 럼을 가지고 만들기 쉬운 칵테일이기 때문이다. 다크 럼을 지정해 사용하는 칵테일 레시피들은 대체로 다양한 럼과 구하기 조금 힘든 열대 과일주스 여러 가지를 섞는 경우가 많아, 집에서 만드는 일이 정말 일이 된다. 혹은 다크 앤 스토미처럼, 다른 칵테일에서 기주만 다크 럼으로 바꾸면 되는 경우이거나. 그럭저럭 유명한 다크 럼 칵테일 중에 그나마 범용성 있는 재료들이 적게 사용되는, 집에서 만들어 볼 만한 칵테일이다. 현대적 칵테일임에도 불구하고 맛의 느낌은 상당히 고전적이고 균형감을 가지고 있다.

글라스
칵테일 글라스

재료
바카디 8년 20ml, 드라이 베르무트 20ml, 체리 리큐르 20ml, 트리플 섹 20ml

제법
충분히 스터해서 칵테일 글라스에 담는다.

이럴 때 좋을 한 잔

하나, 둘 리큐르를 모은 당신, 집에 다크 럼은 있는데 다른 럼은 없고 생전 처음 들어 보는 과일주스도 없고 시럽도 없는데 다크 럼으로 뭔가 만들어 보고 싶을 때 좋다.

또 다른 제법 Tip

기본적으로 모두 향이 강하고 무겁고 끈적하며 자기 개성이 강한 재료들이 들어가기에 정말로 충분히, 충분히 스터해야 한다. 스터하는 대신 셰이크로 만들어 보는 것도 괜찮다.

카샤사 51
Cachaca 51

브라질의 국민 독주

브라질의 소주라 할 수 있는 카샤사는 일종의 '고급' 럼이다.
럼은 일반적으로 사탕수수즙에서 당을 정제하고 남은 부산물인
폐당밀로 만들어지는데, 카샤사는 폐당밀이 아닌 순수한 사탕수수
즙을 원료로 만들어지니 아무래도 조금 더 고급스럽다(럼 중에도
폐당밀이 아닌 사탕수수즙으로 만들어지는 럼이 있기는 하다. 럼
아그리콜Rhum agricole이라는 럼의 소분류로, 카샤사는 럼 아그리콜이다).
포르투갈의 사탕수수 농업이 마데이라에서 브라질로 이전해
가던 16세기경에 처음 만들어진 것으로 추정되는 이 술은 현재
명실공히 브라질의 국민 독주로 인정받고 있다.
　브라질의 국민 독주답게 매우 다양한 브랜드가 존재하지만

국내에서는 카샤사 51 외의 카샤사를 구하기가 상당히
힘들다(카샤사 51은 브라질에서 가장 잘나가는 카샤사 브랜드다). 굉장히
호의적인 가격과 훌륭한 맛, 조금은 성의 없어 보이는 디자인을
자랑하지만 자꾸 보다 보면 나름대로 디자인에 정이 든다. 다른
럼에 비해 훨씬 산뜻한 식물 향이 감돌며, 덜 달고 덜 끈적거린다.
'브라질 소주'라는 이미지가 있고, 실제 브라질 내에서도 '빈민의
술'이라는 이미지가 꽤 오래 유지된 덕에 엄청 독하고 숙취로
능히 한 사람을 죽일 수 있을 것 같은 느낌이 들지만 외려 보통의
화이트 럼보다 마시기 편하다(적어도 필자에게는 그렇다).

　　사실 한국에서 카샤사 자체는 그닥 유명한 술이 아닐 것이다.
럼 아그리콜도 마찬가지일 것이고. '카이피리냐'라면 어쩌면 한
번쯤 들어 봤을 것이다. 모히토와 함께 여름 칵테일을 지배하고
있는 그 카이피리냐 말이다. 브라질을 대표하는 칵테일이며,
브라질보다는 덜 유명하지만 카샤사나 럼 아그리콜보다 훨씬
유명하리라 생각한다. 모히토가 '달콤하고 편하게 마실 수 있는
여름 음료'라는 느낌이라면, 카이피리냐는 '시원하지만 후끈
달아오르는' 독한 칵테일이다. 만드는 법도 어렵지 않다. 카샤사,
설탕, 라임 조각, 얼음이면 충분하다. 도수가 너무 높게 느껴진다면
토닉워터를 섞어도 무방하다(사실 그냥 럼에 라임을 섞은 것이니,
도수는 그냥 럼과 마찬가지로 상당히 높다). 카샤사와 함께라면,
덜덜거리는 선풍기가 돌아가는 야근 중인 사무실도 한여름의
휴양지처럼 편하게 느껴질 것이다. 농담이다. 그럴 리가 없지.
그래도 집에 갈 원기 정도는 북돋워 줄 것이다. 그만큼 상큼하고,
강렬하고, 깔끔하다.

카이피리냐
Caipirinha

브라질 과일 소주

2008년에 제정된 브라질의 법령에 따르면, 브라질의 국민 소주라
할 수 있는 카샤사와 라임을 사용한 칵테일만이 카이피리냐라는
이름을 사용할 수 있다. 이렇게 칵테일이 한 국가의 법에 등장하는
경우는 흔치 않을 것이다(필자가 알기로는 카이피리냐가 유일하다).
브라질의 국민 칵테일로서, 심플하고, 만들기 편하고, 맛있다.
그리고 우리는 브라질 사람이 아니기 때문에 법 같은 거 무시하고
이상한 재료들을 잔뜩 사용해도 된다. 일단은 카샤사 럼 대신 다른
스피릿을 쓰는 손쉬운 변용이 가능하다. 가장 유명한 변용으로는
보드카를 사용한 카이피리냐, 카이피로스카가 있다. 개인적으로
한국의 증류 소주 화요 41에 라임을 으깨고 엘더플라워 시럽으로
단맛을 추가한 버전을 굉장히 좋아한다. 21세기 한국에서 고급진
스타일로 다시 만나는, 20세기 과일 소주 감성이랄까.

글라스
올드 패션드 글라스

재료
카샤사 51 60ml, 라임 1/2개를 네 조각의 웨지로 자른 것, 흑설탕 2티스푼

제법
잔에 재료를 다 넣고 라임을 으깨자. 설탕이 다 녹을 때 까지 충분히 섞은 후,
얼음을 넣자.
기주를 바꾸는 것뿐만 아니라, 설탕을 넣는 대신 다양한 감미료를 시도해도
재미있는 결과가 나온다. 패션프롯 시럽이라거나, 꿀이라거나.

이럴 때 좋을 한 잔

모히토 비슷한 게 당기는데, 모히토는 너무 음료수 같을 때. 미친 듯 마시고 죽는 콘셉트의 홈 파티를 개최했을 때. 브라질에 다녀온 친구가 카샤사를 선물했을 때. 여름인데, 여름에 어울리는 상큼하지만 도수가 낮지 않은 술을 마시고 싶을 때. 이럴 때 어울리는 칵테일이다.

또 다른 제법 Tip

딱히 팁이랄 게 없는 칵테일이다. 다만 수입되는 라임의 퀄리티 혹은 품종이 뒤죽박죽이기에, '정량'에 집중할 필요가 덜하다. 만들다가 이거 좀 너무 신 느낌인데? 하면 설탕이나 시럽을 충분히 넣고, 상큼함이 부족한 느낌이면 라임을 충분히 더 넣어 보도록 하자. 모히토 비슷한 느낌으로, 다 만든 카이피리냐에 토닉워터를 부어 먹어도 맛있다.

말리부
Malibu

달달하고 부드러운, 마시기 편한 코코넛 럼

술은 현대의 다른 모든 상품과 마찬가지로 판매를 목적으로
생산된다. 누구나 납득 가능한 맛에 가격까지 착하다면 마케팅
존이나 세일즈 포인트 같은 걸 덜 신경 써도 되겠지만, 그런 상품은
존재하기 어렵다. 누구를 대상으로 무엇을 어필하는가는 술에도
중요한 문제다. 위스키나 꼬냑이라면 고급스러운 후광을 어필하며
위스키가 많이 팔리는 업장과 개인을 염두에 두고 만들 것이다.
보드카라면 좀 다를 듯하다. 바텐더를 염두에 두고 만들어지는
술은 별로 없다. 내가 아는 한에서는, 말리부가 유일하다.

'말리부 럼'은 바텐더의 편의를 염두에 두고 만든 술이다.
'피나 콜라다'라는 유명한 칵테일이 있다. 준 벅과 함께, 가장

유명한 '부드럽고 달달한 칵테일'이다. 피나 콜라다는 럼과 코코넛 크림, 파인애플주스로 만드는데, 한 가지 문제가 있다. 코코넛 크림과 코코넛 밀크는 형편없는 보존성을 자랑한다. 파인애플주스도 다른 주스에 비해 빨리 상하는 편이지만, 코코넛 크림 앞에 비할 바가 아니다. '그래서 우리가 한번 준비해 보았습니다. 코코넛 럼입니다. 더 이상 화이트 럼, 코코넛 크림 같은 재료를 쓰지 마세요. 코코넛 럼과 피나 콜라다 믹스(코코넛 향과 이것저것이 가미된, 아무튼 코코넛 밀크보다는 보존성이 좋은)와 함께 피나 콜라다를 만들어 봅시다.' 물론 오리지널 레시피보다는 맛이 떨어지겠지만.

이렇게 '쉽고 편하게 피나 콜라다를 만들고 싶어 하는 바텐더를 위해' 만들어진 말리부 럼은 다양한 칵테일에서 두각을 드러낸다. 대형의 고급 바가 아닌 이상 낼 수 없는 '코코넛 맛'을 손쉽고 싸게 재현할 수 있다니, 좋지 아니한가. 말리부 럼은 코코넛 향이 필요한, 혹은 어떤 '트로피컬'한 느낌을 낼 때 요긴하게 쓰인다. 혹은, 그냥 오렌지주스나 파인애플주스, 콜라에 섞는 것만으로도 달달하고 부드러운, 마시기 편한 휴식용 음료를 만들 수 있다. 그냥 마시기에는 코코넛의 껍껍하고 끈적한 느낌이 너무 강하지만 아주 나쁘지는 않다. 다만 어떤 종류의 칵테일에 들어간다 해도 특유의 코코넛 맛이 강하게 올라오니, 느끼함이 싫다면 반드시 강한 단맛을 내는 파인애플주스나 크랜베리주스를 충분히 넣어 느끼함을 누르거나 소량의 레몬주스를 첨가해 맛의 균형을 잡아 주자.

피나 콜라다
Pina colada

브라질 과일 소주

사실 말리부를 사용하는 칵테일은 상황에 맞게 코코넛 시럽이나
코코넛 크림을 사용하는 쪽이 더 좋은 맛을 낸다. 하지만 작은 바나
집에 코코넛 크림이나 시럽을 들일 시공간적 여유가 흔할 리 없다.
그러니 피나 콜라다를 집에서 간단히 만드는 방법을 이야기해
보도록 하자. 이러한 류의 편하고 달콤한 칵테일들의 유래는 굉장히
다양한데, 그중 가장 유명한 건 푸에르토리코의 해적 로베르토
콘프레시가 부하들을 독려하기 위해 만들어 낸 파티 드링크에서
유래했다는 것이다. 푸에르토리코의 해적이 바다에서 신선한
코코넛 크림을 구해 마셨을 것 같지는 않으니, 우리의 '집에서
만드는 간단한 말리부 피나 콜라다'가 역사적인 '그 정통 피나
콜라다' 쪽보다 맛있을지도 모른다.

글라스
하이볼 글라스

재료
말리부 40ml, 우유 혹은 생크림 20ml, 파인애플주스 90ml

제법
지겹다 느껴질 때까지 길게 셰이크해서 마신다. 코코넛 크림이 가진 특유의
질감이나 맛을 살리기는 힘들지만, 이 정도면 그럭저럭 집에서 마실 수준은
된다. 한국의 조주기능사 레시피로는 피나 콜라다 믹스를 사용하라고 되어
있는데, 말리부야 오렌지주스에 넣어도 우유에 넣어도 맛있지만 보통 업소용
대용량으로 나오는 피나 콜라다 믹스 같은 걸 구해 집에 둔다면 꽤 처치하기
곤란할 것이다.

이럴 때 좋을 한 잔

말리부를 산 당신은 아마 보통 그냥 마시거나 오렌지주스 혹은 우유에 넣어 마셔 왔을 텐데, 어느 순간부터 그게 좀 지겨워졌을 것이다. 그때가 피나 콜라다를 집에서 만들어 볼 바로 그 순간이다. 나이 지긋한 분들에게라면 나름 국민 칵테일 중 하나로 기억될 수도 있다. 옛 추억을 떠올리며 만들어 보자.

또 다른 제법 Tip

럼과 코코넛, 파인애플은 어떤 종류의 달콤한 뉘앙스의 것들과도 대체로 잘 어울린다. 집에 있는 달콤한 과일들(바나나라거나 딸기라거나 파인애플이라거나 사과라거나 체리라거나)을 한껏 얹어 좀 더 발랄한 느낌을 추가해 봐도 좋고, 혹시나 저런 시럽이나 리큐르가 있다면 살짝 넣어 봐도 재미있다.

오버프루프 럼
Over Proof Rum

그러니까, 바카디 151이었던 무엇

술을 상당히 좋아하는 사람이 아니라면 '오버프루프 럼'이라는
단어가 그렇게 익숙하지는 않겠지만, '바카디 151'이라는 이름은
한 번쯤 들어 보았을 것이다. 바카디 151은 오버프루프 럼,
그러니까 도수가 과하게 높은 럼 중에 가장 유명한 브랜드다. 장르
자체보다 장르에 속한 브랜드가 더 유명한 경우는 상당히 드물다.
단일 주류 내에서 한 브랜드가 이 정도의 점유율을 가지는 경우는
없었고, 앞으로도 쉽지 않을 것이다. 그렇게 전설을 쌓은 바카디
151은 이제 존재하지 않는다. 생산이 중단되었으니까. 아마 바카디
151은 '세계에서 가장 유명한 단종된 술' 타이틀도 노려 볼 수 있지
않을까. 바카디 151의 단종 소식을 듣지 못하고 지금도 주문하는

사람들이 적지 않으니까. 바카디 151에 다양한 추억(보통은 나쁠)이 얽혀 있는 사람도 많을 것이다. 그냥 마시다 생긴 나쁜 추억도 있을 것이고, 불을 붙여 먹다가 만든 나쁜 추억도 있을 것이다. 사소한 경우라면 잔이 열을 견디지 못하고 깨진 정도일 것이고, 조금 더 나쁜 경우라면 불붙은 잔을 마시다가 입 주위에 가벼운 화상을 입은 정도일 것이다. 최악의 경우라면 불이 옮겨붙은 후에 이하 생략.

75.5도는 역시 불이 잘 붙는 도수다. 약국에서 시판되는 소독용 에탄올이 85도 정도다. 덕분에 바카디 151을 필두로 한 오버프루프 럼은 칵테일 위에 살짝 얹어 불을 붙여 화려함을 더한다거나, 오랜 원한 관계를 창의적인 방식으로 청산하거나 하는 데 자주 사용된다. 불을 붙이든 붙이지 않든, 마시는 순간 식도가 탄다. 당신은 식도와 위의 위치를 잘 알게 될 것이다.

바카디 사는 바카디 151의 단종 이유를 공식적으로 밝히지 않았으나, 많은 주류 평론가들은 '바카디 151과 관련한 화재 사건의 소송에 지쳐서'를 원인으로 꼽는다. 실제로 바카디 151의 병에는 수많은 경고문이 붙어 있었고, 계속 늘어났다. 상대적으로 저가인 오버프루프 럼의 공세(론디아즈라거나 론리코라거나 아무튼 뭐시기 151) 때문에 수익성이 애매했다는 소문도 있다. 뭐, 세상 모든 일이 그렇듯 여러 가지 이유가 있을 것이다. 아무튼 지금은 구할 수 없는 바카디 151을 적당히 대체할 만한 오버프루프 럼들이 많다. 집에서 불붙여 먹는 호기는 절대로 부리지 말자.

파우스트
Faust

이름만큼 강렬하고 화려하고 유명한

고전적이고 강렬한 유명한 이름을 가진 칵테일들을 검색해 보면 보통 수십 개의 '완전히 다른' 레시피가 검색된다. 파우스트도 마찬가지지만, 재미있는 사실이 있다. 꽤 많은 파우스트라는 이름의 레시피들이 공통적으로 오버프루프 럼에 달콤하고 끈적한 술을 넣는 구조로 되어 있다는 것이다. 이를테면 예거 마이스터, 바카디 151, 유콘 잭 등의 '달고 끈적하고 도수 높은 술'을 때려 넣는다거나 하는 식으로. 한국의 바에서 일반적으로 내는 파우스트는 오버프루프 럼, 화이트 럼의 더블 기주에 달콤 끈적 쌉싸름한 리큐르를 사용하는 경우가 많은 느낌이다. 크렘 드 카시스일 때도 있고 캄파리일 때도 있고. 도수 높은 술을 그나마 조금 편하게 마시는, 어떤 의미에서 원론적인 의미의 '칵테일'에 가장 닿아 있는 칵테일이 아닐까 한다. 뭘 넣어 어떻게 만들든 실제 도수는 50도 이상이 된다. 요즘 나오는 희석식 소주의 세 배 정도 되는 도수다.

글라스
올드 패션드 글라스

재료
오버프루프 럼 30ml, 화이트 럼 30ml, 크렘 드 카시스 15ml

제법
얼음을 넣고 재료들을 빌드한다.

이럴 때 좋을 한 잔
독하디 독한 칵테일을 마시고 싶을 때 파우스트는 언제나 좋은 선택이 될 것이다. 적당히 마시기 편한 달콤한 향미가 존재하면서도 웬만한 독한 술의 도수인 40도가 넘어가는 칵테일이다.

또 다른 제법 Tip

당연하지만, 카시스 같은 끈적한 술을 빌드로 만들면 맛이 잘 안 풀린다. 살짝 과하다 싶을 정도로 많이 저어 주는 게 좋다. 셰이크를 하면 마시기 편해지나 특유의 강렬함이 사라지는 결과가 발생한다. 앞서 말했듯이 사실 파우스트의 골자는 오버프루프 럼의 독함을 화이트 럼으로 살짝 조절한 후 향미가 강한 다른 술을 섞는 데 있다. 카시스로부터 시작해서 아마레또라거나 예거라거나 아무튼 술장에 있는 적당히 달콤한 술을 하나씩 써서 실험해 보자.

위스키
Whisky

위스키란?

'양주' 하면 가장 먼저 떠오르게 될 바로 그 단어, 위스키다.
프랑스의 꼬냑, 중국의 마오타이와 함께 3대 명주로 꼽히는
술이며, 어느 나라의 어느 구석에 있는 바에 가도 만나 볼 수 있는
술이다. 산업의 양적, 질적, 역사적 측면 모두 어마어마한 규모를
자랑하며, 위스키의 종가 스코틀랜드 외에도 세계 곳곳에서
각각의 방식으로 다양한 위스키를 생산하고 있다. 이 산업은
거대하고 동시에 역동적이다. 위스키 산업의 역사 전체를 조망해도
그러하고, 최근 몇 년간의 역사를 되짚어 봐도 그러하다. 2018년을
기준으로 최근 몇 년 사이에 일어난, 술 전문 잡지가 아닌 평범한
일간 신문에서 다루어질 수준의 사건들만 해도 대략 이러하다.
1. 대만의 카발란 위스키가 위스키 대회에서 대상을 받으며,
대만 위스키의 명성을 세계에 알렸다. 2. 중국인들의 위스키
소비 증가로 숙성이 필요한 위스키 시장의 물량이 부족해지게
되었고, 특히 몇몇 일본 위스키와 몇몇 아일레이 위스키는 심각한
품귀현상을 보이게 되었다. 3. 한국에서, 싱글 몰트 위스키 붐이
일었다. 4. 한국에서, 기존의 위스키보다 약간 낮은 도수 등
여러 가지로 한국적인 느낌의 위스키를 발매했는데, 그야말로
'초대박'을 쳤다. 아마 이 원고를 출판사에 넘기고 책이 되는
사이에도 또 무슨 사건이 발생하게 될지도 모른다. 위스키는

그만큼 크고, 넓으며, 역동적인 분야의 술이다. 위스키만을 주제로
다루는 한 권의 커다란 책들도 많다. 자, 이 넓은 세상을 잠깐
구경해 보도록 하자.

어디서부터 이야기를 시작하는 게 좋을까. 어려운 일이다.
일단, 위스키는 진과 달리, 위스키로 묶이는 범주 아래의 하위
범주가 많고 서로 상이하다. 물론 진도 올드 톰 진이라거나 런던
드라이 진이라거나 디스틸트 진이라거나 하는 하위 범주들이
있지만, 결국 모든 진은 40도 이상의 곡물 증류주이며, 쥬니퍼베리
향이 전면에 배치된다. 하지만 위스키는? 재료의 차원에서, 미국의
버번 위스키는 옥수수가 주성분이고, 스코틀랜드의 싱글 몰트
위스키는 100% 보리 맥아로 만들어진다. 미국에서, 라이 위스키는
실제로 호밀을 일정 이상 함유하고 있지만, 캐나다의 캐네디언
라이 위스키는 '호밀 향만 나면' 쓸 수 있는 상호다. 세계 여러
지역에서 자신들만의 재료와 방식으로 다양한 위스키를 생산해
내는 덕에 위스키가 뭐냐 하는 이야기를 하는 건 참 쉽지가 않다.
아니 당장, 위스키의 스펠링부터 다르다. 스코틀랜드와 캐나다,
일본의 위스키는 whisky로 표기하며 아일랜드와 미국 위스키의
경우에는 주로 whiskey로 표기한다. 시대별로 의미가 달라지기도
한다. 19세기의 '아메리칸 위스키'는 일반적으로 호밀 위스키를
의미했으나, 지금의 '아메리칸 위스키'는 법적으로 일정한 기준을
만족시킨 호밀, 버번, 밀, 옥수수 위스키를 의미하며, 보통은
아메리칸 버번 위스키를 이야기할 때 자주 사용된다(다행히 요즘
나오는 정상적인 칵테일 레시피북은 '아메리칸 위스키'라는 불명확한
표현을 선호하지 않지만, 옛 문헌을 보다 보면 아메리칸 위스키라는
표현이 자주 등장한다). 일단은 위스키의 본령이라는 스코틀랜드
위스키, 그중에서도 싱글 몰트 스카치 위스키에 대한 이야기를 해
보자.

싱글 몰트 위스키

싱글 몰트 위스키는 국내에서 몇 년 전부터 선풍적인 인기를 끌고 있다. 10여 년 전만 해도 주류상 구석에 먼지가 뽀얗게 내려앉은 안 팔리는 싱글 몰트 위스키를 굉장히 싸게 살 수 있었다는 전설이 있을 정도로 '고급이지만 아는 사람만 아는 위스키'였으나, 이제는 유명해지고 그만큼 더 비싸진 그런 위스키다. '물, 맥아, 효모'로만 만드는 순수한 위스키.

싱글 몰트 위스키라는 표현에서, 몰트는 '맥아'를 의미한다. 이는 보리 혹은 밀에 싹을 틔우고 말린 것으로, 쉽게 말하면 건조한 보리나물, 혹은 밀나물을 의미한다(원론적 의미에서는 그냥 보리나물이지만, 주로 건조한 보리나물만을 맥아라 부르며 건조하지 않은 맥아는 보통 생맥아라고 따로 부른다. 참고로 아이리시 위스키는 이 생맥아로 만든다). 몰트는 몰트 위스키와 맥주의 원료로 사용된다. 굳이 싹을 내는 이유는 이렇게 해야 보리 안에 있는 전분이 당분으로 바뀌며 디아스타제 효소가 만들어지기 때문이다. 굳이 건조하는 이유는 그냥 놔두면 싹이 튼 보리가 안의 당분을 소모하여 맛있는 보리나물로 자라나거나 썩어 버리기 때문이다. 피트 불로 맥아를 직화 건조하는 것이 전통적인 방식이었으나, 요즘에는 많은 증류소들이 증기 건조기로 맥아를 말린다. 전통적인 방식으로 건조한 맥아로 만든 위스키에서는 특유의 피트 향(탄맛과 신맛과 등등. 그냥 피트 향이다)이 나게 되고, 증기로 건조한 맥아는 부드럽고 가벼운 위스키의 원료가 된다.

으깬 맥아를 빻은 후에 물에 섞어 발효시킨다. 발효 시간이 짧을수록 곡물적인 무거움이 강렬해지고, 길어질수록 더 가볍고 과일 향이 강한 원액이 된다. 참고로 '스카파'라는 증류소가 가장 긴 발효 시간을 자랑하는데, 정말 가볍고 과일 향이 강한

데다가 가장 숙성 연한이 낮은 게 16년이라 정말 멋지고 화려한
향을 자랑한다(가격도 멋지고 화려하다). 이 발효가 끝나면 7~9도
사이의 싸구려 맥주 같은 발효액이 만들어지고, 이 발효액을
한 번 증류해서 소주와 비슷한 17도 정도로 만들고, 또 한 번
증류해서 60~80도 전후의 증류액을 만든다. 증류기의 모양과
크기, 가열 방식과 냉각응축 방식, 그리고 증류기에 부착된 다양한
애드온(보일 볼이라거나 냉각판, 증류기 내 샤워기)에 따라 증류액의
맛이 달라진다. 아, 물론 끓어오르다 냉각응축기에 모인 '원액'을
어느 타이밍에 채취하느냐 하는 것도 위스키 맛에서 중요한
문제가 된다. 그리고 짜잔, 위스키의 원액이 완성된다. 참고로
대부분의 증류주 주조는 위의 과정을 따른다.

먼저 1. 당분을 포함한 재료(곡물, 몰트, 과일, 폐당밀, 설탕, 꿀,
아무튼 단거)를 물에 으깬다. 2. 효모를 통해 발효시킨다. 이렇게
해서 낮은 도수의 술이 만들어진다. 3. 증류한다. 고등학교 화학
시간을 생각해 보자. 알코올의 끓는점은 물의 끓는점보다 낮다.
알코올이 들어 있는 물을 끓이면 알코올이 먼저 기화된다. 온도를
재가면서 가열하면, 알코올이 증기가 되어 날아가 증류기의 천장에
고인다. 그걸 채취한다. 4. 원하는 도수가 나올 때까지 증류하고 또
증류한다. 증류 과정에서 농축된 메탄올이 증류될 수 있으며(많이
마시면 눈이 멀고, 더 마시면 죽는다), 액체 상태에서도 충분히 불이 잘
붙는 알코올의 증기를 고온으로 다루는 작업이기에 집에서 굳이
시도해서 건강과 재산을 망칠 필요는 없다.

이렇게 얻어진 증류 원액을 오크 통에 넣고 숙성시킨다.
숙성은 싱글 몰트 위스키에서 매우 중요한 과정이다. 과학적으로
이 숙성 과정이 위스키 맛의 70%를 결정한다. 그리고 이 숙성
과정에서 '천사의 몫'이라는 게 생긴다. 당연한 말이지만 오크 통은
타파웨어도 락앤락도 아니다. 숙성 과정에서 위스키는 조금씩

증발하며(대략 1년에 2% 정도), 알코올이 더 빠르게 증발한다. 그리고
적당히 숙성시키다가(1915년에 지정된 스코틀랜드의 법에 의해, 최소
3년 이상 숙성해야 스카치 위스키라 부를 수 있다) 병에 담아서 팔면
싱글 몰트 위스키 완성이다. 보통은 숙성된 위스키에 물을 적당히
섞어 마시기 편한 도수인 40도에 맞춰 내지만, 위스키 광과 알코올
중독자 들을 위해 통에서 꺼낸 도수 그대로의 버전인 캐스크
스트렝스Cask Strength를 판매하기도 한다. 숙성 과정에서 품질 통제를
위해 통끼리 섞는 경우도 있고, 특정한 맛을 내기 위해 다른 술을
숙성했던 통을 사용하기도 한다.

　　이러한 싱글 몰트 위스키에는 다양한 분류가 있다. 일단은
숙성 연한에 의해 구분되기도 하며, 위스키 증류소가 있는 지역에
따라 구분되기도 하고(하이랜드, 스페이사이드, 아일레이 등), 누가
병입을 했느냐에 따라 오피셜 보틀OB, Official Bottle과 독립병입본IB,
Individual Bottle으로 구분되기도 한다. 도수에 따라 병입 도수BS,
Bottle Strength인 40도 전후의 위스키가 있고, 숙성 도수인 캐스크
스트렝스CS, Cask Strength로 구분하기도 한다.

오피셜 보틀과 독립병입본

오피셜 보틀은 말 그대로 공식 판본으로, 해당 싱글 몰트 위스키
증류소에서 생산과 숙성과 병입을 모두 책임지는 위스키를
의미한다. '라프로익 10년'이라거나 '글렌피딕 12년' 같은 경우다.
오피셜 보틀 중에 해당 증류소의 가장 숙성 연한이 낮은 것을 흔히
'엔트리 레벨'이라고 부르기도 한다. IB는 '독립병입업자'라는
일군의 위스키 업자들이 병입한 위스키를 뜻한다. 당신이
싱글 몰트 위스키 증류소를 운영한다고 가정해 보자. 편의상

'글렌신촌'이라고 하자. 글렌신촌 위스키는 모두 셰리 캐스크에 숙성하며 12년, 18년, 30년산으로 병입해 판매한다. 그런데 갑자기 누가 '15년산 글렌신촌 마셔 보고 싶어요'라거나 '버번 캐스크에 숙성한 글렌신촌을 마셔 보고 싶은데 안 파나요?'라고 문의했다. 당신에게는 두 가지 선택권이 있다. 이상한 질문을 한 사람을 처단하거나, 피눈물을 흘리며 추가적인 생산 관리를 통해 '글렌신촌 버번 캐스크 숙성'과 '글렌신촌 15년'을 판매하거나. 전자의 선택이 훨씬 경제적인 선택이 될 것이다. 이 상황에서 짜잔, '독립병입업자'라는 구원자가 등장한다. "어이, 위스키 증류하고 숙성하고 병입하고 판매하느라 수고도 많고 고민도 많지? 증류한 위스키 몇 통만 나한테 팔아. 내가 그걸 좀 다른 방식으로 숙성해서 팔아 볼 테니까." 윈-윈. 이렇게 만들어진 것이 독립병입본이다(아, 물론 엄밀한 역사적 맥락에서는, 다품종 생산을 위해 도입되었다기보다는 병입이라는 과정 자체가 원래부터 돈이 드는 과정이어서 일종의 외주업체로 등장하게 된 것이다). 일종의 '다품종 소량 생산 싱글 몰트 위스키'이며, 일반적으로 가성비는 떨어지는 편이지만, 정말 다채로운 위스키를 접해 볼 수 있다. 현재 국내에서도 더글러스 랭과 같은 몇몇 유명한 독립병입업자들의 위스키를 구해 볼 수 있다. 유명한 독립병입본으로 SMWS(Scotch Malt Whisky Society)병입본이 있다. 일반적인 독립병입업자와의 차이라면, 독립병입업자들은 증류소로부터 사들인 위스키 원액을 시장에 팔지만, SMWS는 일종의 '폐쇄적 동호회'를 유지하며 회원들에게만 판매한다. 그리고 독립병입업자들은 숙성과 병입 과정에서 다채로운 시도를 하지만, SMWS는 위스키의 순수성을 위해 말 그대로 병입만 한다. 한국 지부는 현재 일본 지부의 지역모임으로 존재하며, 가입비 2만 엔, 연회비 1만 엔이라는 제법 무시무시한 회원권 비용을 자랑한다.

다른 위스키들: 블렌디드, 버번, 아이리시, 라이

이러한 싱글 몰트 위스키에 다양한 곡물 위스키를 섞어 조금 더
편한 가격으로 좀 더 편한 맛을 내는 위스키가 블렌디드 위스키다.
이 중에 스코틀랜드에서 만들어지는 게 블렌디드 스카치 위스키가
된다. 술의 재료가 되는 대부분의 곡물은 맥아보다 저렴하며,
곡물 위스키는 보통 시간과 돈이 많이 드는 '단식 증류기를 통한
2중, 3중 증류' 방식 대신 돈도 시간도 절약되는 연속식 증류기로
만들기에 확실히 싸다. 단순히 '싸다'는 의미 외에도, 애초에 발효,
증류, 숙성이라는 심플한 과정만으로 맛을 제대로 내는 건 어렵다.
거기에 일종의 조미료(그러니까, 곡물 위스키)를 섞는 쪽이 퀄리티
컨트롤을 위해 쉽다.

조니워커와 발렌타인을 위시한 블렌디드 스카치 위스키는
국내에서 명실공히 양주의 대표주자로 군림하고 있다. 어쩌면
'발렌타인'이라는 브랜드는 한국에서 '양주'를 대표하는 브랜드가
아닌가 한다. '위스키'가 뭔지 모르는 사람과 발렌타인이 뭔지
모르는 사람 중에 전자가 많을지도 모른다(실제로 필자는 발렌타인이
브랜디라고 우기는 사람들을 여기저기서 본 적이 있다. 물론 비난할 일은
아니겠으나). 백화점이나 대형 마트에 가면 발렌타인 6년산부터
30년산까지의 라인업이 버티고 있으며, 별의별 스페셜 에디션도
의외로 쉽게 구해 볼 수 있다. 조니워커의 라인업도 상당하다.
그냥 동네 슈퍼나 편의점에도 발렌타인 12년이나 조니워커 블랙
라벨 정도는 갖추고 있다. 가성비의 명작인 딤플, 듀어스, 페이머스
그라우스는 의외로 동네 마트나 편의점에서 찾아보기 힘들지만
주류상에 가면 상당히 합리적인 가격으로 우리를 기다리며, 옆
나라 일본의 양산형 위스키인 산토리 가쿠빈도 어렵지 않게 구할
수 있다. 국내 위스키의 새로운 패왕인 골든블루와 구 3대장 격인

스카치블루, 윈저, 임페리얼은 굉장한 생산량과 소비량을 보여 주고 있다. 물론 저 위스키들을 원론적인 '블렌디드 위스키' 개념에 포함시키기에는 약간의 무리가 있는 느낌이지만 그래도 가장 가까운 분류는 블렌디드 스카치 위스키일 것이다.

여기까지가 보리로 만든 위스키들이다. 라이 위스키는 말 그대로 주성분이 호밀인 위스키다. 앞에서 잠깐 말했듯, 미국에서 유통되지만, 엄밀한 의미에서 캐네디언 위스키는 (소수의 예외를 제외하고는) 호밀로 만든 위스키라기보다는 '극소량의 호밀 혹은 호밀 향미를 첨가한 위스키'에 가깝다(참고로 캐나다 주류법상 단순히 캐네디언 위스키Canadian Whisky뿐 아니라 캐나다에서 생산되는 캐나다 호밀 위스키Canadian Rye Whisky 또한 법적으로 호밀을 첨가해야 할 의무가 없다). 버번 위스키는 옥수수로 만든 미국의 위스키로, 페이지를 뒤로 넘겨 짐 빔과 잭 다니엘 파트를 읽어 보도록 하자. 아이리시 위스키에 대해서는 제임슨 파트에서 다룬다.

위스키의 음용

아무래도 위스키와 꼬냑은 다른 양주에 비해 고급스러운 느낌이 강하고, 실제로도 향미가 섬세하고 다채로운 편이며 브랜드별로 자신의 캐릭터를 강하게 주장하는 편이다. 소독약 혹은 나프탈렌의 냄새를 풍기는 라프로익 10년과 달달한 꿀과 곡물 향이 부드러운 더 글렌리벳 10년과 누가 마셔도 그냥 기분좋을 조니워커 블랙 라벨 사이의 맛의 거리는 어떤 의미에서 브랜디와 럼 사이의 거리보다 멀다고 할 수도 있을 것이다. 하여 위스키 전반을 두고 향미와 음용, 어울리는 음식과 칵테일을 이야기하는 것은 무의미한 일이다. 개별 장르와 브랜드에 최대한 집중해서 마셔 보도록 하자.

물론 몇 가지 일반론은 존재한다. 일단, 되도록 제대로 된 시음용 잔을 준비해서 일반적인 '시음'의 순서와 방법론을 따라 맛보기를 권한다. 위스키는 소주나 진이 아니다. 돈이 많다면 리델 잔을 사는 것도 좋겠지만 글렌캐런 잔 정도면 충분하다. 그것도 없으면 '브랜디 잔'이라고 파는 와인잔보다 조금 작은 튤립형 잔을 구하도록 하자. 잔이 준비되었다면 일단 한 잔 따라 보자. 맛을 보기 전에 먼저 향을 맡자. 코의 자극 수용기는 혀에 비해 1만 배 이상 많다. 술의 향미를 감상할 때 코는 혀보다 더 효과적이다. 향을 맡고, 한입 머금고, 입안에 굴리며 위스키가 가진 다채로운 맛을 감상하자. 지배적인 향미가 가장 먼저 느껴질 것이다. 아드벡

10년이라면 강렬한 무게감과 피트함이, 맥켈란 10년이라면 셰리와 몰트의 달콤한 조화가, 더 글렌리벳 12년이라면 곡물과 과일의 따스한 단맛이, 잭다니엘이라면 폐타이어의 상큼한 느낌이 느껴질 것이다. 입에 머무른 맛을 혀로 느끼는 데서 끝내지 말고, 표현하고 기억하고 뇌에 저장하도록 노력해 보자. 이전에 먹어 보았던 음식이나 향신료, 다른 위스키나 다른 술과 비교해 봐도 좋다. 지배적인 맛 뒤에 낮게 숨어 있는 다른 맛을 찾아보는 것도 즐거운 일이 될 것이다. 아드벡 10년에서는 의외의 끈적한 단맛이, 맥켈란 10년에서는 약간의 쏘는 스모크함이, 더 글렌리벳 12년에서는 그냥 여전히 따스한 단맛이 느껴질 것이다. 충분히 맛을 보고 넘긴 후, 남아 있는 맛을 체크해 보자. 어딘가 애매한 맛을 좀 더 명확하게 맛보고 싶을 때는, 물과 위스키를 동량으로 섞어서 마셔 보면 된다. 확실하게 맛이 없어지지만, 동시에 한 위스키에 담겨 있는 여러 가지 맛을 좀 더 분리해서 느껴 볼 수 있다. 다양한 싱글 몰트 위스키를 비교해서 시음할 때에는 (모든 음료나 식식에서도 마찬가지지만) 부드러운 맛에서부터 독한 맛의 순서로 시음해 보도록 한다.

되도록이면 상온으로 마시도록 하자. 블렌디드 위스키의 경우에는 취향의 문제겠지만, 몇몇 싱글 몰트 위스키들은 역시 상온이 좋다. 많은 싱글 몰트 위스키들와 대다수의 블렌디드 위스키들은 '냉각 여과'라는 작업을 거친다. 위스키를 냉각해, 저온에서 뿌옇게 뭉치는 지방성 에스테르를 분리해 내는 작업이다. 이 작업을 하면 맛이 깔끔해지고 단순해진다. 하여 맛의 복합성을 중시하는 몇몇 싱글 몰트 위스키들은 냉각 여과를 하지 않는다. 냉각 여과를 하지 않은 위스키들을 차갑게 보관하거나 얼음을 넣어 마시게 되면, 뿌연 안개 같은 것이 일어나게 된다. 보기에 안 좋은 게 문제가 아니라, 지방성 에스테르가 뭉치게 되어 맛의 밸런스 전체가 무너진다. 차갑게 마시기 좋은 위스키나 다른 술은 얼마든지 많다. 비냉각 여과 싱글 몰트 위스키를 차갑게 마시는 것은 딱히 권장할 만한 일이 아니다(그럼에도 필자는 가끔 비냉각 여과 위스키에 얼음을 넣어 마신다. 가끔은 그렇게 마셔도 맛있다).

음식과의 조화라면, 싱글 몰트 위스키는 약간 까다로운 느낌이다. 술 자체가 강렬하며 동시에 미묘한 향미를 가지고 있으니. 해산물과 함께라면 확실한 풍미를 자랑하는 탈리스커 10년은 돼지고기와 함께 먹으면 대체 왜 내가 이 돈을 내고 이따위 술을 먹고 있는지에 대해 한탄할 수 있을 것이다(취향은 다양하니까 반대로 느낄 사람도 있겠지만). 블렌디드 스카치 위스키는 범용성과 대중성을 위해 만들어진 술인 만큼 딱히 어느 음식과 기막힌 궁합을 보여 주지도 않고 딱히 어느 음식과 너무 안 어울리지도 않는다. 버번이야 뭐 고기랑 먹으면 맛있지만 버번도 원래 맛있고 고기도 원래 맛있다.

꽤 많은 '정통파' 술꾼들이 무시하는 폭탄주도 나름대로 훌륭한 음용 방법이라고 할 수 있다. 이는 '보일러메이커'라는 이름으로 엄연히 존재하는 미국식 칵테일이다. 제법도 폭탄주와 똑같다. 맥주잔에 맥주를 따르고, 한입 마시고, 샷 글라스에 위스키를 채워 맥주잔에 넣는다(참고로, 영국의 '보일러메이커'는 맥주와 맥주를 섞는 칵테일이니 영국의 펍에서 폭탄주를 꿈꾸며 보일러메이커를 시키는 실수를 범하지 말자). 개성 강한 위스키에 개성 강한 맥주를 섞어 완전히 다른 맛을 즐기는 것도 좋고, 발렌타인 같은 목 넘김이 좋은 편안한 위스키에 국산 맥주나 산 미구엘, 칭타오 류의 목 넘김 편한 맥주를 섞어 마시는 것도 하나의 방법이다(발렌타인의 소비량과 유명세의 원천이 이것일지도 모른다는 생각을 자주 한다. 그냥 먹기에도 부드러우며 목 넘김이 좋고, 가장 범용성 높은 폭탄주의 재료가 된다).

하이랜드 파크 12년
Highland Park 12

싱글 몰트에 입문하고 싶다면

개인적으로, 싱글 몰트 위스키에 입문하려는 사람들에게 추천하는
위스키가 4종류 있다. 하이랜드 파크, 라프로익, 맥켈란,
더 글렌리벳이다. 당신이 술을 좀 아는 사람이라면 '대체 왜'라는
의문을 품을지도 모르겠다. 하지만 추천에는 다 이유가 있는
법이다. 천천히 읽어 보면 당신도 동의하게 될 것이다. 자, 먼저
던지고 싶은 질문. 위스키는 무슨 맛이 나나?

위스키에는 상당히 다채로운 맛이 존재한다. 단맛, 짠맛, 쓴맛,
신맛, 네 가지로 분류할 수도 있을 테고, 와인처럼 마흔여섯 가지
요소를 이야기할 수도 있을 것이다. 단어와 상상력을 확장하다
보면 1천 개의 단어를 꺼낼 수도 있을 것이다. 그런 건 위스키를

업으로 삼은 사람들에게 맡겨 두고, 위스키가 만들어지는 과정을 다시 떠올려 보며 쉽게 생각해 보자.

맥아로 만드니 보리 맛이 날 거고, 피트로 맥아를 건조한 위스키라면 피트 향도 약간 날 것이다. 발효와 증류 과정에서 다양한 화학작용이 일어나서 꽃 향이니 과일 향이니 후추 향이니 하는 것도 날 것이다. 그렇게 만들어진 위스키 원액을 캐스크에 숙성한다. 캐스크는 나무로 만들어진 통이니 나무 맛도 빼놓을 수 없을 것이며, 캐스크에 향미를 입히는 유행은 시작된 이래로 끝날 기미가 보이지 않으니 캐스크에 더해진 향도 느껴질 것이다. 하이랜드 파크는 방금 이야기한 '위스키의 맛'들을 모두 포괄하고 있다. 맛의 요소들이 균형 있게 섞여 있는 것이 아니라, 제각각 존재감을 뽐낸다. 우리가 흔히 '위스키'라는 술을 머릿속에 떠올릴 때 떠오르는 그 모든 맛들이 강렬하게 존재한다.

싱글 몰트에 입문하고 싶다면 일단 하이랜드 파크 12년을 마셔 보라. 이 자체로 너무 완전무결한 맛이라고 생각되는가? 그러면 여러 위스키 평론가들이 극찬한 위스키인 하이랜드 파크 18년을 마시면 된다. 연기 같은 시큼한 쓴맛이 마음에 든다면 라프로익을 위시한 아일레이 위스키나, 좀 더 무거운 다른 위스키를 시도해 보면 된다. 단맛이 좋았는데 더 달았으면 좋겠다? 그렇다면 발베니나 더 글렌리벳 같은 달콤함을 무기로 삼는 위스키를 시도해 보라. 너무 투박하다? 그렇다면 주류상에 가서 아무거나 이십만 원 넘는 위스키를 사면 된다. 하이랜드 파크는 당신의 '취향의 지도'를 그리는 기준점이 될 만한 위스키다. 물론 위스키에 입문하려는 당신이 명확하게 '어떤 맛'을 찾고 있다면 그 맛의 대표 주자를 시음해 보는 것이 좋겠지만, 그게 아니라면 역시 하이랜드 파크 12년 만한 게 없다.

라프로익 10년
Laphroaig 10

아일레이 위스키에 도전하고 싶다면

스코틀랜드 서부에 '아일레이'라는 작은 섬이 있다. 그야말로
'위스키의 섬'이라 부를 만한 이 섬에서 만들어지는 아일레이
위스키는 상대적으로 지역성이 강한 향미를 자랑한다. 소독약
맛(약 내음이라고 부르기도 하고 요오드 향이라고 부르기도 하고 병원
맛이라고 부르기도 하고, 혹자는 나프탈렌 냄새라고 부르기도 한다.),
강렬한 피트함, 스모크함, 그리고 약간의 짤짤하고 기름진 느낌
등등. 아일레이 증류소들은 현대적인 전기 건조 대신 전통적인
'피트 건조' 방식으로 보리를 건조하며(덕분에 탄맛과 화학적인
맛이 강하다), 그렇게 만든 위스키를 바닷바람이 부는 곳에서
숙성한다(화학적인 맛과 짤짤한 느낌이 강해진다. 같은 아일레이섬의

증류소라 할지라도 섬의 내륙에 있는 보모어 증류소의 위스키는 해안의
증류소에 비해 화학적인 약 맛이 덜 난다).

이러한 '아일레이 위스키'의 특징을 가장 잘 보여 주는
위스키가 바로 라프로익이다. 그 강렬한 특징 덕에 살짝
과대평가를 받는 느낌도 있기는 하다. '위스키의 본령은 역시
아일레이 위스키지. 그중에도 라프로익이고'라는 식으로. 사실
위스키의 본령 같은 건 없고, 내가 맛있으면 좋은 위스키다. 하지만
라프로익이 좋은 위스키인 것은 확실하다.

라프로익은 확실히 강렬한 싱글 몰트 위스키다. 병부터
여느 위스키와 다르다. 수상한 녹색 병에 하얗고 커다란 라벨.
뚜껑을 열자마자 굳이 내용물을 잔에 따르거나 코를 가져다
대기도 전에 방을 가득 채우는 소독약 냄새와 무엇인가 타는
듯한 냄새. 꿀렁꿀렁하고 독하지만 의외로 산뜻한 뒷맛. 강렬하고
우락부락하고 젊지만 순박한 느낌의 술. 상온으로 그냥 마시는
게 좋지만, 차게 해서 먹거나 탄산수를 섞어 마셔도 좋다. 여름에
정말 잘 어울리는 위스키. 아일레이 위스키를 이야기한 김에 다른
유명한 아일레이 위스키에 대해 짧게 평을 하고 넘어가자면,
코웰 일라는 아일레이 위스키 중에 가장 가볍고 화려한 느낌을
자랑한다. 아드벡은 좀 더 무겁고 광활한, 자연적인 혹은 우주적인
느낌이고. 라가불린은 균형감에 초점을 맞춘, 아일레이 위스키
초보들에게 권할 만한 술이다(기본 숙성 연한이 16년이라, 10~12년
선에서 나오는 다른 싱글 몰트 위스키에 비해 좀 비싸다). 보모어는
아일레이 위스키에서 특징적인 '약 맛'을 제거한 위스키로, 어떤
의미에서 가장 입문하기 쉬운 아일레이 위스키일지도 모르겠지만
입문용으로는 추천하지 않는다. 아일레이 위스키에 도전하고
싶다면, 역시 라프로익이다.

맥켈란 12년
Macallan 12

화려한 싱글 몰트의 전형

동네 어귀의 낡고 작은 바에서부터 유흥가 귀퉁이의 뮤직 바,
한남의 오센틱 바에서 강남의 모던 바에 이르기까지 어디서나
쉽게 만나 볼 수 있는 그 이름, '더 맥켈란'. 세계에서 가장 많이
팔리는 싱글 몰트 위스키는 글렌피딕이겠지만, 한국 한정으로는
맥켈란이 더 많이 팔릴지도 모르겠다. 혹은 적어도 쌍벽을
이루고 있거나. 아, 한국에서만 유행하는 위스키라는 건 아니다.
맥켈란은 세계적으로도 다섯 손가락 안에 드는 싱글 몰트
위스키다. 도처에서 쉽게 찾아볼 수 있는 술이기에 '이거 그냥
유명해서 유명한 술 아닌가' 하고 생각할 수도 있겠지만, 아니다.
'싱글 몰트 위스키계의 롤스로이스'라는 거창한 칭호를 가진

위스키다(퀄리티의 차원뿐만 아니라 가격의 차원에서 붙은 칭호라는 설도 있다). 맥켈란 증류소는 세계에서 가장 오래된 위스키 증류소 중 하나이며, 가장 성공적으로 '캐스크 숙성' 과정에 주목해 세계 시장의 패권을 쟁취해 낸 증류소. 롤스로이스라는 별명답게 화려한 맛이 특징으로, 잡다한 쓴맛도, 잡다한 단맛도 없이 최상의 균형과 화려함을 보여 주는 위스키다.

맥켈란 12년은 맥켈란 증류소의 위스키들에 쏟아지는 과찬에는 약간 못 미치는 위스키지만(18년은 최고존엄이다), 맥켈란 증류소 특유의 균형감과 화려함의 단초를 보여 주는 데에는 부족함이 없다. 위스키 향미의 70%는 위스키의 숙성 과정에서 만들어진다. 맥켈란 증류소는 이 '숙성' 과정에 있어 선구자이며 개척자인 동시에 대가다. 싱글 몰트 업계에서 '셰리 캐스크 숙성 위스키'가 대유행한 주요 원인 중 하나가 맥켈란 셰리 오크 캐스크의 압도적인 성공 때문이었다. 가장 뛰어난 숙성 기술을 가졌다거나, 최초의 숙성 위스키라거나 하는 건 아니지만, 세계 시장이 검증한 '최소한 70%는 확실하게 명품'인 위스키다.

그렇다고 위스키 원액의 증류 기술이 떨어지지도 않는다. 맥켈란 12년은 합리적인 가격으로 '화려한' 느낌의 위스키를 마셔 보고 싶을 때 상당히 훌륭한 선택이 될 수 있다. 초콜릿, 정향 같은 달콤한 향신료의 향에 강렬한 오크향. 그리고 그 모든 맛을 감싸 안는 화려한 셰리의 느낌. 균형감의 측면에서 맥켈란은 아주 뛰어난 위스키는 아니지만, 화려함의 측면에서는 확실하다. 숙성 연수를 올리면 균형감의 측면에서도 아주 뛰어나다. 지갑을 거덜 내는 데에도 뛰어난 게 문제지만.

더 글렌리벳 12년
The Glenlivet 12

가장 달콤하고 편안한 위스키

편안한 가격의 싱글 몰트 위스키 중에 가장 마시기 편하고 달콤한
위스키가 아닌가 싶다. 하지만 '혹시 달고 편하기만 한, 깊이가
모자란 가벼운 위스키가 아닌가' 하는 의구심이 들었다면 떨쳐
내도 좋다. 영국 '왕가에 대한 충성을 맹세하는 자리에서는
반드시 더 글렌리벳 위스키를 사용해야 한다'는 칙령이 내려진
위스키이며, 역사상 최초의 '시음 기록'이 남아 있는 위스키다.
유서 깊은 명문가의 도련님 같은 위스키랄까. 그렇다고
또 고생도 모르고 자란 귀공자 같은 위스키는 아니다. 위스키
산업 초창기였던 19세기 초, 더 글렌리벳 증류소의 설립자 조지
스미스는 경쟁 위스키 증류업자와의 싸움에 대비하기 위해 항상

쌍권총을 차고 다녔다고 하니까.

물론 '위스키의 단맛'이 설탕 같은 단맛을 이야기하는 건
아니다. 기본적으로 위스키는 곡물로 만드는 독한 증류주다.
어떤 위스키가 '달다'라고 하는 것은 문자 그대로 단물 맛이
난다는 것은 아니다. '짭짤한' 위스키에는 소금이 들어 있지 않고
'오일리'한 위스키에는 기름이 들어 있지는 않은 것처럼 말이다.
개인적으로 '달콤한 위스키'는 몇 가지 '달콤함의 조건'을 갖춘
위스키라고 생각한다. 첫째, 주된 향미가 달콤할 것. 둘째, 주된
향미 이외의 향미 요소들도 '달콤함'과 관련된 느낌일 것. 셋째,
맛 전체에 어떤 튀어나온 부분이 없을 것. 넷째, 마시고 난 뒤의
여운(피니시라고 한다)에 알코올이나 향신료 같은 강렬함이 없을
것. 이러한 차원에서 더 글렌리벳은 발베니와 몇몇 일본 싱글 몰트
위스키와 함께 '달콤한 위스키'의 선봉에 서 있다고 할 수 있다.

역사상 최초의 위스키 시음 기록에 의하면, 더 글렌리벳
위스키는 '우유처럼 부드러운, 진정한 위스키의 맛'이라고
한다. 물론 1822년의 더 글렌리벳 위스키의 맛과 지금 우리가
마시는 더 글렌리벳 위스키의 맛은 다르겠지만. 더 글렌리벳은
기본적으로 꿀과 보리, 크림, 바닐라의 '정통적인' 단맛으로
이루어져 있다. 알코올의 자극적인 느낌이 약한 편이며, 마시고
난 뒤에 남는 여운도 '술 맛이 올라온다'라거나 '향이 강렬하다'는
느낌보다는 편안하고 조용하게 사라지는 느낌이다. 셰리 캐스크로
피니시하지만 셰리 피니시 특유의 꿉꿉한 느낌은 상당히 약한
편이다. 달콤하고 둥글둥글하며 거슬릴 게 없다. 발베니는
부드럽지만 나무의 각진 느낌이 강하다. 스트라스아일라는 초콜릿
향이 강하지만 피트 향도 강하다. 가격과 접근성까지 고려할 때
역시 더 글렌리벳만 한 게 없다. 그리고 균형감도 출중하다.

발렌타인 12년
Ballantine's 12

부드럽고 무난한 위스키

세계에서나 한국에서나 가장 유명하며 잘 팔리는 블렌디드
위스키, 발렌타인이다. 워낙 유명한 위스키라 남들이 잘 모르는
역사나 비화 같은 게 별로 없다. 관련 자료들이 상당히 잘
정리되어 있는 편인데, 특별히 재미있는 이야기는 없다. '19세기
초, 발렌타인이라는 농부의 아들이 동네 가게에서 술을 팔다가
재미를 봐서 확장, 주류 회사를 만들었고, 몇 차례의 매각과
합병 끝에 지금의 발렌타인이 되었다'는 이야기가 전해진다. 뭐
어느 증류소처럼 사장이 경쟁자의 공격에 대비해 쌍권총을 차고
다녔다거나, 냉전의 꿀을 빨았다거나 하는 이야기 같은 건 없다.
제조 방법도 마찬가지다. 50종에 이르는 싱글 몰트 위스키를

블렌딩해 안정적인 맛을 만든다. 발렌타인의 일반적 평은 이러하다. '전체적으로 부드럽고 무난하다.'

술을 좀 좋아하는 사람은 이런 말을 덧붙일 것이다. '그래도 6년급인 발렌타인 파이니스트는 캐릭터가 확실하지.' 이런 말을 덧붙이는 사람도 있을 것이다. '발렌타인 30년, 참 좋은 술이지. 근데, 그거 마실 돈 있으면 다른 위스키 마시는 게 훨씬 낫지 않나? 퀄리티에 비해 좀 오버프라이스라는 느낌인데. 캐릭터도 약하고.' 필자도 별로 더 할 말이 없다. 발렌타인은 정말 무난한 위스키다. 특히 12년은 더 그러하다. 그냥 '위스키' 하면 생각나는 맛이다. 여기서 '무난함'을 '편안함'과 혼동하면 곤란하다. 이를테면 발렌타인 12년과 유사한 등급인 조니워커 블랙 라벨은 발렌타인보다 훨씬 달다. 듀어스 12년에 비교해도 마찬가지다. 이 위스키들이 아마 발렌타인 12년보다 훨씬 '마시기 편할' 것이다. 발렌타인은 적당히 쓰고, 적당히 무게감 있고, 적당히 달다. 그야말로 '그냥 위스키'다. '그냥 런던 드라이 진'인 비피터와 비슷한 느낌이다. 집에 위스키를 딱 한 병 둬야 한다면, 발렌타인 12년은 적절한 선택이다.

적지 않은 술꾼들이 '그냥 런던 드라이 진'의 대표주자 격인 비피터를 찬양하면서 동시에 '그냥 블렌디드 위스키'의 대표주자 격인 발렌타인을 '개성 없는 녀석'이라고 공격한다는 사실은 꽤 흥미롭다. 뭐, 진이나 위스키에 대한 기대치 혹은 평가 기준이 달라서 그런 게 아닐까. 그리고 이런 이유도 있지 않을까 한다. '개성 있는 위스키'는 술꾼들을 위한 술이지만 '무난한 위스키'는 폭탄주, 혹은 룸살롱을 위한 술이라는 인식. 뭐, 부분적 사실 아닌가 싶다. 죽어라 부어 대거나 폭탄주를 만들어 마시기 좋은 술이다. 기본적으로 '목 넘김' 면에서는 확실하게 부드러우니까.

갓 파더
Godfather

위스키 칵테일의 가장 편안한 고전

'대부'라는 멋진 이름의 고전 칵테일이다. 러스티 네일과 함께 가장
대표적인 위스키가 기주인 칵테일이며, 가장 대표적인 '독하고
묵직하지만 달콤한 느낌의' 칵테일이다. 동명의 영화 〈대부〉의
주역을 맡은 말론 브란도가 좋아하던 술이라는 이야기가 있는데, 갓
파더에 들어가는 아마레또의 대표적인 브랜드 디사론노에서 열심히
홍보하고 있는 이야기니 믿는 것은 자유다(하지만 말론 브란도의
이미지상, 좋아했을 것 같기는 하다). 쓴맛이 강한 위스키로 만들어도
나름의 개성이 있고, 단맛이 강한 위스키로 만들어도 나름의 개성이
있다. 아무 장식도 없이 스트레이트하게 내는 갓 파더도 맛있지만,
위스키와 아마레또의 단맛을 잘 받아 줄 레몬, 오렌지 껍질 장식이나
후추, 시나몬 등의 스파이스를 첨가해도 맛있다. 기본적으로 맛의
균형이 편하게 잡힌 칵테일이니, 비율부터 부재료에 이르기까지
개인 취향에 따라 여러 가지를 시도해 보도록 하자.

글라스
올드 패션드 글라스

재료
발렌타인 12년 60ml, 아마레또 20ml

제법
가급적 큰 얼음을 넣고 재료를 넣고 빌드한다. IBA 레시피는 두 재료를 같은
비율로 사용하라고 되어 있는데(35ml/35ml), 이렇게 마시기에는 좀 달다.
많은 바텐더들이 위스키를 더 많이 사용하는 레시피를 애용한다. 위스키
대신 보드카를 쓰면 갓 마더, 브랜디를 쓰면 프렌치 커넥션이 된다.

아무래도 도수 차원에서나 맛의 차원에서나 독하고 차분한 칵테일이기에, 오래 두고 마시게 되는 경우가 많을 것이다. 그러니 작은 얼음 여럿보다는 큰 얼음 1개를 쓰도록 하자.

이럴 때 좋을 한 잔

아무것도 거슬리지 않는 한 잔을 마시고 싶을 때. 그러니까, 취할 정도로 도수가 있지만 알코올의 향이 너무 강하지는 않고, 적당히 달콤하지만 끈적하지는 않은 술이 필요할 때 갓 파더는 좋은 선택이 될 것이다.

또 다른 제법 Tip

혹시나 집에 시나몬 스틱과 토치가 있다면, 만들어진 잔에 시나몬 연기를 쐬어 봐도 맛있지만 집에 그런 게 있는 경우는 흔하지 않을 것이다. 시나몬이 아니더라도 레몬 껍질이나 후추 등 기본적으로 위스키와 잘 어울리는 다른 부재료들을 써 봐도 재미있는 맛이 나온다.

듀어스 6년/12년
Dewar's 6/12

구김 없이 달콤하고 차분한

한국에서의 잦은 할인과 높지 않은 인지도 때문에 듀어스가
'싸구려'라는 인식을 가진 사람들이 제법 있는데, 전혀 그렇지
않다. 듀어스 위스키를 만든 듀어 가문은 전투적인 기업가
가문이었고, 듀어스는 한때 미국 월스트리트에서 '성공한 신사들이
애호하는 위스키'의 상징이었다.

　듀어스 6년, 그러니까 듀어스 화이트 라벨은 중저가 위스키
중 가장 편안하고 달콤한 위스키로, 국내에 수입이 되다 안
되다 한다. 수입이 잘 되던 시절에는 많은 바에서 달콤한 위스키
칵테일의 기주로 자주 사용했다. 12년은 조니워커 블랙 라벨과
발렌타인이라는 양대 산맥에 가로막혀 그렇게 인기를 끌지 못하는

느낌이지만, 두 위스키가 지겨운 사람들에게 훌륭한 대안이 되어 준다. 편한 분위기에서 마실 만한 달콤하고 편안하며 가벼운 위스키를 찾는다면 듀어스 12년을 골라 보자.

조니워커가 달콤한 가운데 나름의 개성을 보여 주고, 발렌타인이 그야말로 그냥 위스키 맛이라면, 듀어스는 구김 없이 달콤하고 차분한 맛이다. 편하고 달콤한 위스키에 대한 선호가 적지 않은 한국에서 왜 이렇게 인기와 인지도가 낮은지 궁금할 정도의 맛이랄까.

여담으로, 듀어스를 만드는 듀어 가문의 '듀어스 사' 2대 당주인 토미 듀어(풀네임은 토마스 로버트 듀어)는 위스키 업계의 영웅이다. 그는 1891년부터 2년간 26개국을 돌아다니며 32개의 듀어스 해외 지사를 설립하고, 전 세계에 위스키를 널리 알렸다. 위스키의 세계화와 브랜딩, 마케팅에 앞장섰던 인물로, 그의 위대한 여행이 없었더라면 우리는 이 좋은 위스키들을 이러한 합리적인 가격에 마시지 못했을지도 모른다. 덕분에 그는 기사 작위를 받게 되고, 후에는 남작 작위를 받았다. 술을 팔아서 작위를 받은 사람은 세계에 몇 없을 것이다. 그가 남긴 명언들도 꽤 멋지다. '우리는 낡은 것을 선호합니다. 적어도 그게 위스키라면 말이죠.' '가만히 앉아 있었다면 역사 속에 우리 발자국이 남지 않았겠지요.' '정신은 낙하산과 똑같습니다. 넓게 펼쳐져야 제대로 작동합니다.' 사업가의 아들을 사업가를 넘어 남작의 자리에 오르게 한 위스키, 완고한 전통과 패기 어린 열정으로 만들어진 위스키다.

위스키 사워
Whisky Sour

칵테일의 좋은 재료, 계란 흰자

익숙한 사람에게는 한없이 편하지만, 익숙하지 않은 사람에게는
한없이 불편하고 당혹스러운 계란을 쓰는 칵테일을 소개해 볼까
한다. 너무 당황하지 말자. 계란 칵테일의 역사는 생각보다 길다.
이미 17세기에도 와인과 날계란, 향신료를 사용한 칵테일이
존재했다. 계란 흰자는 의외로 술의 맛 자체에 큰 영향을 끼치지
않으면서 푹신한 질감을 부여한다(넣게 되면 우유나 크림에
비해서 분명히 향미가 옅다). 위스키 사워도 마찬가지다. 일단은
기본적인 형태의 위스키 사워를 소개해 보겠다. 여기서 위스키를
다양하게 바꾸어도 즐겁고 라임주스나 사과주스를 섞어 봐도
좋다. 아, 참고로 역사상 처음 기재된 위스키 사워인 '제리 토마스
가이드'의 레시피에는 버번이나 라이를 사용하지만, 소개하는
것처럼 블렌디드 스카치 위스키를 사용하거나 싱글 몰트 위스키를
사용해도 좋다. 기본적으로 위스키 자체의 향미가 중심이 되는
칵테일이니까.

글라스
칵테일 글라스

재료
듀어스 6년 혹은 12년 45ml, 레몬주스 15ml, 심플 시럽 15ml,
계란 흰자 하나

제법
재료를 모두 셰이커에 넣고 아주 충분히 셰이크해 칵테일 글라스에 담는다.

반으로 쪼갠 껍질과 껍질로 노른자를 분리하는 테크닉을 연습해 보자. 물론 노른자 분리기가 있으면 아주 편하다.

이럴 때 좋을 한 잔
이런 책을 살 정도로 술과 칵테일에 대한 관심이 있는 편이라면, 계란을 쓰는 칵테일 정도는 만들어 봐야 하지 않겠는가. 계란의 비린내에 대해서는 생각보다 걱정하지 않아도 된다. 걱정이 된다면 주변의 바에 가서 시켜 먹어 본 뒤에 만들어 보자.

또 다른 제법 Tip
드라이 셰이크(얼음 없이 재료끼리 셰이커에 충분히 섞은 후 얼음을 넣어 셰이킹)나 리버스 셰이크(얼음과 재료를 함께 넣고 섞은 후 얼음을 빼고 추가로 더 셰이킹)를 연습해 봐도 좋다. 계란 거품의 질감을 더 풍성하게 해 준다. 계란의 노른자를 분리하는 게 너무 힘들면 플립 칵테일을 만들어 봐도 좋다. 노른자를 포함한 계란 하나 전체를 넣고, 시트러스 주스를 빼고, 시럽을 좀 더 넣어 준 다음에, 화끈하게 흔들면 된다.

짐 빔 화이트 라벨
Jim Beam White Label

쉬운, 버번 같은 버번

한국에서 가장 쉽게 구할 수 있는 버번 위스키 짐 빔이다. 그리고
아마 '가장 투박한 맛'을 자랑하는 위스키일지도 모르겠다. 버번
위스키라는 게 그렇다. 태운 나무 같은 맛을 중심으로 한 강렬한
쓴맛과 캐러멜, 바닐라 향을 중심으로 한 강렬한 단맛을 지닌다.
결코 부드럽지도 편안하지도 않은, 투박하고 터프한 맛이다.

버번 위스키는 미국에서 18세기부터 증류되어 온 나름 역사가
있는 전통적인 위스키로서, 옥수수를 주재료로 사용하고(원재료
곡물의 51% 이상을 차지해야 함), 속을 태운 오크 통에 숙성한다.
최소 3년 이상 숙성해야 하는 스카치 위스키와 달리 3개월
이상만 숙성하면 '버번'이라는 이름을 사용할 수 있다. 주로 미국

남부에서 생산되고 소모되는, 굉장히 터프하고 거친 이미지를 띠는 위스키다. 큼지막한 시가, 사냥총, 가죽 재킷 혹은 카우보이 모자, 트렌치 코트 같은 전투적인 의상처럼 '미국적이고 마초적인 이미지'와 어울리는 위스키다. 물론 버번이 단순히 투박하기만 한 것은 아니다. 일라이저 크레이그 같은 버번은 굉장한 섬세함을 지니고 있으며, 버팔로 트레이스 같은 버번은 투박하기보다는 묵직하고 씁쓸한 느낌을 풍긴다. 하지만 짐 빔은 그야말로 투박하고 '쌈마이'한 맛으로 마시는 버번이다. 나쁘게 말하자면 싸구려 맛이고 좋게 말하자면 정감 있는 투박한 맛이다.

버번은 투박하고, 씁쓸하고, 달콤하다. 전체적으로 씁쓸하며 달콤하다는 점에서는 후에 소개할 아이리시 위스키와 비슷하나, 맛은 상당히 다른 양상이다. 버번과 달리 아이리시 위스키는 '알코올과 곡물 맛을 기반으로 한 깔끔하고 단순한 스타일'이다. 대부분의 사람들에게는 얼음을 넣거나, 콜라를 섞어 마시는 쪽이 편할 것이다. 물론 버번 특유의 투박함을 즐기고 싶다면야 스트레이트로 마시는 것도 나쁘지 않다. 카우보이, 혹은 미국 레드넥이 된 듯한 느낌으로 대충 구운 고기와 함께 마시는 것도 좋다. 실제로 버번 위스키는 고기의 잡내를 지울 때 맛술처럼 사용되기도 한다.

짐 빔을 '훌륭한 버번 위스키'라고 이야기하는 건 역시 무리이리라. 그저 구하기 쉬운 편한 가격의 투박한 맛을 자랑하는 버번 같은 버번이다.

맨해튼
Manhattan

칵테일의 여왕

1870년, 윈스턴 처칠의 어머니 제니 제롬이 뉴욕의 유명한 사교 클럽인 '맨해튼 클럽'에서 개최한 파티에 처음 등장한 칵테일이라는 이야기가 있으나, 이 역시 술에 대한 흥미로운 이야기들이 그렇듯 신빙성은 낮아 보인다(처칠의 자서전에 따르면 당시 제니 제롬은 프랑스에서 계속 머무르고 있었으며, 임신 중이었다). 이미 그 이전부터 맨해튼 일대에서 맨해튼 칵테일이 판매되었다. 역사적인 원래의 레시피는 아메리칸 위스키를 사용하는 것이나, 금주령 시대에는 캐네디언 위스키를 사용했다. 지금 우리야 '아메리칸 위스키'인 버번을 쓰건 라이를 쓰건 케네디언을 쓰건 별 상관없을 것이다(보통은 버번으로 만드는 방식이 선호되는 느낌이다). 스터 칵테일 중에 기술이 조금 모자라도 가장 마실 만한 칵테일을 만들 수 있는 칵테일이 아닌가 싶기도 하다. 위스키 특유의 향미와 강렬한 스위트 버무스의 향미 덕에, 좀 못 만들어도 마실 만하다.

글라스
칵테일 글라스

재료
짐 빔 화이트 라벨 60ml, 스위트 베르무트 20ml,
앙고스투라 비터 1대시

제법
스터해서 칵테일 글라스에 담는다. 체리와 함께 마시는데, 체리는 향이 강하므로 굳이 잔에 빠뜨리거나 장식하지 말고, 체리를 옆에 두고 함께 먹자.

이럴 때 좋을 한 잔

맨해튼을 마시기 좋은 타이밍 같은 건 없다는 느낌이다. 그냥 언제 마셔도 좋다. 강하고 예민한 재료 두셋을 쓰는 칵테일치고는 스킬이 좀 부족해도 대충 마실 만한 칵테일이 나온다. 무슨 무슨 토닉, 무슨 무슨 콕 같은 심플한 하이볼 칵테일을 만드는 건 지겹고, 마티니 같은 본격적이고 독한 칵테일은 맨날 만들면 이상한 맛이 나고 해서 짜증날 때 만들어 보면 기력과 자신감을 좀 충전해 볼 수 있을 것이다.

또 다른 제법 Tip

덜 정중하고 더 투박한 위스키일수록 좋다고 생각하는 편이다. 정중하고 부드러운 위스키를 쓸수록 비슷한 칵테일인 롭 로이와 차별성이 사라진다. 아메리칸 위스키 대신 스카치 위스키를 쓰면 롭 로이가, 브랜디를 쓰면 메트로폴리탄이 된다.

잭 다니엘스 No. 7
Jack Daniel's No. 7

콜라의 짝

잭 다니엘스 No. 7은 버번 위스키에 속하는 테네시 위스키로, 앱솔루트 보드카, 호세 쿠엘보와 함께 '호프집 양주 3대장'이라 불릴 만한 술이 아닐까 싶다. 21세기 초만 해도 굉장히 저렴했는데, 슬금슬금 가격이 오르더니 이제는 '저가형 위스키'라고 부르기에는 조금 애매한 가격이 되었다. 물론 맛은 여전히 저가형이다. '좋게 말하면 투박하고 나쁘게 말하면 싸구려 맛'이라는 표현을 한 번 더 쓰겠다.

테네시 위스키는 테네시 지역의 버번 위스키로 재료나 증류 과정은 버번 위스키와 유사하나, 숙성 전 메이플 시럽의 원료가 되는 설탕단풍나무 재를 통해 여과하는 '링컨 카운티

프로세스'라는 공정을 거친다. 이 공정을 통해 테네시 위스키는 버번보다 좀 더 화사한 메이플 시럽, 캐러멜과 비슷한 단맛과 좀 더 탄 듯한 쓴맛을 갖게 된다. 이렇게 이야기하니 테네시 위스키, 혹은 잭 다니엘스 No. 7이 다른 버번 위스키, 혹은 짐 빔보다 단순히 '더 좋은 위스키'처럼 묘사되는 것 같으니 다른 의견을 좀 더 첨부해 보도록 하자. 혹자는 테네시 위스키가 '안 그래도 투박하고 조잡한 보통의 버번보다 좀 더 조잡한 맛'을 낸다고 혹평한다. 혹자는 잭 다니엘스 No. 7이 '꿀과 캐러멜과 메이플 시럽 특유의 달콤한 느낌의 향을 풍기지만, 직접 마셔 보면 맛 자체는 쓰레기 같은 더러운 맛이 난다'라고 혹평하기도 한다. 향은 확실히 부드럽고 달콤하지만, 맛은 좀 더 쓰고 스파이시하다.

'싸구려 술'이라는 이미지가 너무 강해 이런 혹평이 달리는 게 아닐까 하는 생각도 들지만, 동시에 그게 또 아예 틀린 소리는 아닌 것 같다. 확실히 맛에 비해 향이 정말 달콤하고 매혹적이다. 향에 비해 맛이 쓰고 투박하다고 말할 수도 있겠다. 공업용 본드 맛이 난다는 사람도 있고 아스팔트 맛이 난다는 사람도 있다. 어쨌든 콜라를 섞으면 특유의 쓴맛이 상당 부분 중화되고 특유의 향이 탄산을 타고 기분 좋게 코 아래로 올라온다.

잭 다니엘스 No. 7은 다른 위스키보다 딱히 더 좋은 위스키도 아니고 딱히 더 나쁜 위스키도 아니다. 그냥 수많은 위스키 중 하나일 뿐이다. 그러니 편견 없이 맛보도록 하자. 잭 다니엘스 No. 7의 상위 라인업인 젠틀맨 잭이나 잭 다니엘스 싱글 배럴은 대체로 평이 상당히 좋은 편이다. 물론 기본적으로 테네시 위스키이기 때문에, 다른 위스키들에 비해서는 훨씬 더 쓰고 스파이시하고, '투박할' 테지만.

잭 콕
Jack & coke

콜라가 좀 더 맛있어지는,
게다가 알코올도 들어 있는 완벽한 콜라

홈 칵테일의 대표주자 중 하나인 잭 콕이다. 버번콕의 하위분류로,
콜라와 버번 위스키가 존재하던 시절부터 만들어진 칵테일이
아닐까 싶다. 향미가 상당히 강한 음료인 콜라는 잭 다니엘스
No. 7 특유의 '향은 좋지만 맛은 쓴' 문제를 쉽게 극복할 수 있다.
잭 다니엘 특유의 좋은 향과 콜라의 향, 거기에 콜라의 달콤한 맛.
아, 레몬을 빠뜨리지 말자. 레몬의 산뜻함이 없는 잭 콕은 역시나
어딘가 아쉬운 잭 콕이지 싶다. 아무래도 향이 강한 코카콜라 쪽이
펩시보다 쓸 만하다. 콜라는 다른 토닉워터나 무향탄산수 등의 다른
탄산음료에 비해 다른 것과 섞일 때 또는 물리적인 충격을 가하면
상대적으로 탄산이 쉽게 빠지는 느낌이니, 아주 차가운 온도에
보관한 콜라를 최소한으로 저어서 만드는 쪽이 맛있다고 생각한다.

글라스
하이볼, 올드 패션드 글라스

재료
잭 다니엘스 No. 7 45ml, 콜라 100ml

제법
얼음을 채우고 빌드한 후 레몬 휠로 가니시한다.
가능하면 되도록 레몬 휠을 사용하자. 커다란 레몬 휠에서 나오는 강렬한
상큼함이 이 달콤하고 끈적한 칵테일에 어울린다.

이럴 때 좋을 한 잔
완벽한 콜라를 마시고 싶을 때 먹자. 사실 독주와 콜라의 조합은 나쁠 수가

없는 조합이지만(심지어 꼬냑을 섞어도 좋다. 국내에서 연세가 많은 바텐더 중 한 분은 꼬-콜을 미시고 계신 걸로 안다), 가성비와 밸런스를 생각할 때 역시 잭 다니엘이 최고다. 그리고 다른 재료는 코카 콜라와 레몬이다. 다른 콜라나 다른 과일은 잘 어울리지 않는다.

또 다른 제법 Tip
탄산감을 떨어뜨리지 않고 시원하게 마시면 된다. 잭 콕은 매우 유명한 친구니 다른 잭 다니엘스 지정 칵테일이나 하나 더 소개하자. 린치버그 레모네이드. 잭 다니엘스 No. 7 45ml, 트리플 섹 20ml를 잔에 넣고 적정량의 레몬을 으깬 후 레모네이드나 토닉워터로 필업한다. 느꼈겠지만, 잭 콕이 완벽한 콜라라면 이쪽은 완벽한 레모네이드라고 부를 수 있을 것이다.

제임슨 6년
Jameson 6

아이리시 위스키

한국에서 가장 쉽게 만날 수 있는 아이리시 위스키, 제임슨이다. 클론타프는 구하기 조금 귀찮고, 부시밀즈나 코네마라는 구하기 힘든 데다 가격도 살짝 높다. 결국 한국에서 아이리시 위스키 하면 제임슨이요, 제임슨 하면 아이리시 위스키다. 이거라도 제대로 들어오는 게 어디인가. 지금이야 위스키 하면 스카치 위스키지만, 위스키는 원래 아일랜드의 술이었다. 11세기경, 유럽 남부의 수도사들이 포도주를 증류하여 브랜디의 원형적 형태를 만들기 시작했으며, 이들은 아일랜드에 도착해 보리로 만든 술을 증류해 원형적 형태의 위스키를 만들었다. 그 후, 아일랜드의 수도사들이 스코틀랜드에 진출해 '스코틀랜드 위스키'를 만든 것이다. 역사적

기록 차원에서도 아일랜드 위스키는 1405년에, 스코틀랜드 위스키는 1494년에 등장했다.

복잡한 법적, 계보학적 논쟁이 있지만, '부시밀즈'는 스스로를 현존하는 가장 오래된 위스키 증류소라고 주장한다. 아이리시 위스키의 영광이 중세에만 찬란했던 것은 아니다. 20세기 초반만 해도 아이리시 위스키는 세계 위스키 시장의 패권을 쥐고 있었다. 하지만 아이리시 위스키는 아일랜드 독립전쟁과 아이리시 위스키의 주 시장이었던 미국의 금주법 등의 사건으로 20세기 중반에 궤멸적 피해를 봤다. 1970년대에 2개를 제외한 모든 증류소가 전멸할 정도였다(하나가 부시밀즈, 하나가 제임슨을 생산하는 뉴 미들턴 증류소다). 하지만 20세기 후반, 쿨라이 증류소의 설립을 필두로 다시금 세계 시장에 도전장을 내밀며 지금까지 '가장 빠르게 성장 중인 위스키'의 자리 하나를 차지하고 있다. 아이리시 위스키 향미의 특징이라면 역시 깔끔하고 독하다는 것이다. 대부분 2중 증류를 하는 스카치 위스키와 달리 3중 증류로 위스키의 원액을 만들며, 맥아 건조는 불이나 피트 건조보다는 자연 건조를 선호한다. 발효 작업에서 생보리를 섞기도 한다. 스카치 위스키가 섬세하다면, 아이리시 위스키는 단아하다. 제임슨을 마셔 보면 명확하다. 달고 쓰다. 다채로운 향미가 섬세하게 켜켜이 쌓여 있다기보다는 심플하게 달고 쓰다. 덕분에 벌컥벌컥 마시기 좋다. 외국인이 자주 찾는 국내의 클럽, 펍에는 항상 제임슨이 있다. 외국인이 없더라도 시끌벅적한 분위기의 펍이나 바에서 제임슨은 언제나 인기 상품이다. 가격도 싼 데다가, 맛 자체가 퍼마시기 좋은 맛이다. 대표적인 '폭탄주 칵테일' 아이리시 카밤의 기주이기도 하다.

단델리온
Dandelion

민들레 풀꽃 향기를 잔에 담아 보자

영어로 검색하면 아무 내용도 안 나오는데, 일본어로 검색하면
레시피 정도는 나오는 일본산 칵테일이다. 여러 바에서 칵테일의
맛에 대해 풀어 썼으나, 도저히 유래는 찾지 못했다. 세상에는 그런
칵테일도 있는 법이다. 개인적으로 상당히 좋아하는 칵테일이라
유래가 아주 궁금하니, 혹시나 이 칵테일의 유래를 아는 분이
있으면 연락해 주시면 정말 감사할 것 같다. 리치 리큐르와
파스티스의 복잡하고 화려한 향이 아이리시 위스키의 깔끔한
맛과 잘 어우러지는 칵테일. 이름 그대로 민들레 같은 향이 난다.
풀 냄새와 허브 냄새를 싫어하는 사람이라면 마시기 힘든 술이
되겠지만, 그래도 이런 류의 '향미가 강한 칵테일'치고는 상당히
균형미가 좋은 칵테일이기에 실수로 파스티스를 샀는데 도저히
처치가 곤란하다면 열심히 만들어 마시도록 하자. 아, 파스티스란,
프랑스어로 '가짜'라는 뜻이며, 유럽에서 여러 정치적인 이유로
압생트가 금지되었던 시절(널리 알려진 사실로는 환각성 물질이
문제였다고 하지만, 사실 그 환각성 물질은 검은콩 두유에 검은콩이
들어가는 정도로 극소량만 들어간다. 그보다는 당시 압생트와 경쟁하던
저가 와인 업체의 로비 때문이라는 쪽이 더 타당하다) 문제가 되는
성분을 제하고 만들어 낸 일종의 '가짜 압생트'다.

글라스

칵테일 글라스

재료

제임슨 30ml, 리치 리큐르 30ml, 레몬주스 15ml, 파스티스 15ml

제법

재료를 다 넣고 셰이크한 후 칵테일 글라스에 담는다. 파스티스로는
'리카르Ricard'가 가장 일반적으로 사용되지만, 국내에서는 툭하면
단종되었다가 재발매되는 물건이라 조금 짜증이 날 수도 있다.

이럴 때 좋을 한 잔

상당히 취향을 타며 향미가 꽤 특이한 재료들이 사용됨에도, 완성된 칵테일
자체는 꽤 맛있다. 파스티스에서 나는 아니스 향이 크게 거슬리지 않는다면
누구라도 좋아할 만한 맛이다.

또 다른 제법 Tip

역시 리카르를 사용하는 쪽을 권장하고 싶지만 그게 없다면 조금 더
대중적인 파스티스인 '페르노'를 사용해도 좋고, 파스티스가 아닌 압생트를
사용해도 좋다.

캐네디언 클럽 6년
Canadian Club 6

캐네디언 위스키

캐네디언 클럽은 크라운 로얄과 함께, 국내에서 쉽게 구할 수 있는 대표적인 캐네디언 위스키다. 특징으로는 버번처럼 옥수수를 주원료로 한다는 것과 호밀(라이) 향을 풍긴다는 것, 그리고 전체적으로 '부드럽고 편한' 위스키라는 것이 있다. 극단적으로 이야기하자면 '호밀 느낌을 내는 부드러운 버번 위스키'라고 할 수도 있을 것이다.

전통적으로, 캐나다는 위스키 제조에 소량의 호밀을 써서 향미를 냈다. 지금은 아니다. 캐나다에는 '캐네디언 위스키'와 '라이 위스키', '캐네디언 라이 위스키' 등 명칭에 대한 법적 분류가 존재하지 않는다. 극단적으로, 캐나다에서 만든 위스키는 호밀을 전혀 사용하지 않고 대충 호밀 향만 내도 '라이 위스키'라는 명칭을 사용할 수 있는 것이다. 검은콩 두유에 검은콩이 들어가는 수준의 호밀을 사용한 위스키를 '캐네디언 라이 위스키'라는 이름으로 판매하기도 한다. 미국 호밀 위스키는 주재료의 51%를 호밀로 써야 하는 등 규제가 빡빡한 편이다. 그러니 '캐네디언 라이 위스키' 혹은 '캐네디언 위스키'를 마시고 '나 라이 위스키 마셔 봤어'라는 이야기를 한다면 어쩐지 조금 애매하다. 캐네디언 클럽의 고향은 미국, 디트로이트다. 캐네디언 클럽을 만든 하이람 워커는 19세기 디트로이트의 증류가로, 금주법이 확산되는 분위기를 감지하고 디트로이트 강 건너의 캐나다 온타리오로 이주한다. 거기서 그는 5년 이상 숙성한 미국식 버번 위스키를 팔아 꽤 인기를 끌었다. 당시 미국 버번 위스키의 주류는 1년도 채 숙성하지 않은 것이었다. 전국적인 금주령이 펼쳐지자, 암흑가의 대부 알 카포네가 이걸 밀수해 돈을 좀 벌었다는 이야기도 있다.

역사적으로나 생산 방식 면에서나 향미 면에서나 캐네디언 위스키는 그리고 캐네디언 클럽은 '호밀 느낌을 내는 부드러운 버번 위스키'다. 실제로 캐네디언 위스키 특유의 맛을 보기 위해 찾는 사람들보다는 라이 위스키의 적절한 대체품으로 찾는 사람들 혹은 버번의 단맛은 좋지만 버번의 쓴맛이 너무 터프해서 찾는 사람들이 더 많은 느낌이다. 캐네디언 위스키는 맨해튼이라거나, 올드 팔이라거나 하는 버번, 라이 칵테일에 재미있는 변주를 주기도 한다. 부드럽고 달콤하면서도 나름의 다채로운 맛을 품고 있다고 할 수도, 밍밍한데 이것저것 섞여 있는 조잡한 맛이라고도 할 수도 있을 것이다. 가격이 꽤 저렴하다는 것은 또 다른 장점이다.

올드 팔
Old Pal

오랜 친구 같은 너저분하고 편안한 맛

필자가 이름을 아는 칵테일 중에 가장 이름과 맛이 어울리는
칵테일이다. 올드 팔, 그러니까 '옛 친구' 하면 떠오르는 느낌
그대로의 맛이다. 아주 유쾌하고 유려한 맛은 아니다. 투박하고
텁텁하며 은근히 사람을 자극한다. 이런 녀석을 몇십 년 동안 매일
마주쳤다면 아마 애초에 절교했을 거다. 가끔 봐야 반갑고, 그렇게
가끔씩 오래 봐 왔기에 오랜 친구가 된 것일 테고. 한 잔 두 잔
마시다 보면 기분도 상큼해지고 옛 생각도 나고 그렇게 옛날처럼
퍼마시다가 이튿날 전처럼 쓰린 속과 아픈 머리를 쥐어뜯게
될 것이다. 라이 위스키로 만드는 것이 '현대적 정석'이지만,
역사적으로 기록된 첫 올드 팔의 레시피는 캐네디언 클럽을
사용하는 것이다. 뭐, 어느 쪽이건, 편한 대로 해 보자. 참고로
캐네디언 클럽 버전의 레시피는 1927년에 처음 기록되었으며,
기록에 의하면 올드 팔의 탄생은 1878년으로 거슬러 올라간다. 정말
올드한 칵테일이다.

글라스
칵테일 글라스

재료
케네디언 클럽 6년 30ml, 드라이 베르무트 30ml, 캄파리 30ml

제법
스터해서 칵테일 글라스에 담고 레몬 트위스트로 장식한다.

이럴 때 좋을 한 잔

오랜만에 만난 오랜 친구와 깊은 밤을 지내고 싶을 때 마실 만하다. '이봐, 오랜 친구, 이 칵테일의 이름이 뭔지 알아? 오랜 친구라고. 너처럼 얼굴만 봐도 뒷골 당기는 맛이지'라는 농담을 편히 할 수 있는 친구와 함께.

또 다른 제법 Tip

강한 재료들의 배합이기에 대충 마셔도 맛있기는 한데, 아주 개인적으로는 스터해서 칵테일 글라스에 담는 쪽보다는 그냥 올드 패션드 글라스에 빌드해서 만든 후 얼음이 있는 채로 마시는 쪽을 선호하는 편이다. 케네디언 클럽을 사용하는 초창기 레시피와 라이 위스키를 사용하는 현대 레시피의 차이를 감상해 봐도 좋고, 스터한 후 얼음 없이 마시는 느낌의 차이와 올드 패션드 글라스에 얼음을 넣고 그것이 녹으며 내는 느낌의 차이를 감상해 봐도 좋다.

조니 워커 블랙 라벨
Johnnie Walker Black Label

위스키의 가성비 왕

술꾼들이 '위스키의 가성비'를 논할 때 언제나 최고로 꼽는 조니 워커 블랙 라벨이다. 10년 전에도 그러했고 지금도 그러하며 10년 뒤에도 그러할 것이다. 적당한 가격에 상당한 품질을 보증하는 언제 마셔도 좋은 위스키. 혹자는 조니 워커라는 브랜드의 마케팅 파워 때문에 지나치게 과평가된 술이라고 하는데, 글쎄올시다. 물론 부분적으로 동의한다. 좋은 술은 맞는데, 조니 워커에 대한 평가를 읽다 보면 뭔가 우주의 기운이 내린 술 같은 느낌이다. '달콤하고 부드러우면서도 위스키다운 스모크함을 지닌 완벽한 위스키'라는 평가로, 아주 틀린 말은 아니다. 어떤 이들은 '캐러멜 단맛이 너무 강한, 버번에서 쓴맛을 뺀 수준의 평범한 위스키'라고

혹평하기도 하고, 어떤 이들은 '마실 때의 달콤함과 약간의 스모크 향이 따로 노는, 씁쓸한 향이 나는 설탕물'이라고 혹평하기도 하지만(이러한 평가는 향은 달지만 맛은 쓰다는 잭 다니엘스 No. 7과 반대의 평가다). 그냥 마시기에는 달콤한 맛과 씁쓸한 향이 균형을 맞추고 있는 느낌이지만, 쓴맛을 앞에 내놓는 칵테일의 기주로는 아쉬울 수 있다. 특히나 버번을 쓰는 비슷한 칵테일이 있는 가운데 '스카치 위스키'의 씁쓸한 특징을 살려야 하는 롭 로이 같은 칵테일의 기주로는 상당히 아쉽다.

조니 워커는 19세기 초, 스코틀랜드의 에이셔에서 탄생했지만 이제 더 이상 에이셔의 킬마녹에서 생산되지 않는다. 2009년, 조니 워커의 소유 회사인 디아지오 사는 킬마녹 공장을 폐쇄하고 생산 라인을 레벤, 파이프, 실드홀, 글라스고로 옮기기로 결정했다. 조니 워커 생산 공장은 킬마녹에서 가장 큰 회사였기에 수많은 지역민들의 반대를 겪었지만 2012년 3월 결국 조니 워커의 킬마녹 공장은 폐쇄되었다. 생각해 보면 타향살이를 하는 술이 참 많다. 미국이 만드는 '러시아 보드카' 스미노프는 러시아 출신이다. 미국에서 생산되는 '쿠바 럼' 바카디가 쿠바 출신인 것처럼. 경영합리화의 결과인지 그냥 잘 만드는 회사인지는 모르겠지만, 조니 워커의 라인업들은 대체로 가성비가 훌륭하다. 조니 워커 블랙 라벨의 압도적인 가성비는 말할 것도 없고, 숙성 연한을 밝히지는 않지만 대략 25년산급 전후로 추정되는 조니 워커 블루도 동급의 위스키에 비하면 매우 착한 가격이다. 퓨어몰트 위스키인 조니 워커 그린 역시 훌륭한 가격 경쟁력을 보여 준다. '딱히 마시고 싶은 위스키가 없다면, 주머니의 돈을 확인한 후에 거기 맞는 조니 워커 브랜드를 사라'는 술꾼들의 조언은 훌륭한 조언이다.

러스티 네일
Rusty Nail

투박한 달콤함과 화려함

마초적인 이미지의 칵테일을 이야기할 때 빠지지 않으며, 실제로도 프랭크 시나트라, 딘 마틴, 새미 데이비스 쥬니어 등 1960년대를 주름잡던 마초 남자 스타들의 사랑을 받았던 칵테일이다.

흥미로운 사실은 이 '마초들의 칵테일' 이름은 1960년, 드람뷔 사의 여성 사장이었던 지나 맥키넌이 지었다는 것이다. 이름이 명명되기 이전에, 레시피 자체는 1930년대부터 확립되어 있었다고 한다. 이름과 도수에서 느껴지는 강렬한 이미지 덕에, 역사적인 레시피보다 드람뷔를 적게 쓰는 레시피가 조금 더 인기 있는 느낌이다. 드람뷔 자체도 보통의 스카치 위스키와 마찬가지로 40도이기에, 위스키의 비율을 높인다 해도 도수 자체가 더 높아지지는 않지만 술 특유의 쓴맛은 확실하게 강해진다. 술을 섞는 것은 화학적인 균질화 과정이지만, 러스티 네일 같은 경우 그러니까, 각자의 향미가 확실하며 유쾌한 두 재료가 섞이는 경우에는 완전히 섞지 않고 적당히 덜 섞어서 만드는 쪽 또한 나름의 맛이 있다.

글라스
올드 패션드 글라스

재료
조니 워커 블랙 라벨 60ml, 드람뷔 20ml

제법
큰 얼음을 넣고 재료를 빌드.
취향에 따라 레몬이나 오렌지 트위스트로 장식한다.

이럴 때 좋을 한 잔

시가와 함께 터프한 밤을 보내고 싶을 때, 혹은 그저 잠이 오지 않을 때,
적당히 달콤하고 상당히 무거운 걸 마시고 싶을 때 한잔하면 좋다. 프랭크
시나트라를 들으며 마시기에도 좋지만 삼사십 대 한국인에게는 X-JAPAN의
러스티 네일 쪽이 더 유명하지 않을까 하는 생각도 든다.

또 다른 제법 Tip

드람뷔의 향이 강하지만, 기본적으로 위스키가 많이 들어가며 드람뷔 자체가
위스키의 향을 '돋우어 주는' 느낌이 강하기에 다른 위스키를 사용해도
상당히 재미있는 결과가 나온다(물론 조니 워커 블랙 라벨이 가장 무난하다).
위스키와 드람뷔라는 성격도 강하고 향도 강한 두 재료가 들어가는 심플한
칵테일이기에 얼음 없이 만들면 좀 더 화려하고 독한 느낌이 난다. 이 경우
'스트레이트 업 네일'이라는 이름으로 불린다.

브랜디
Brandy

브랜디란?

세상에 비싼 술은 정말 많지만, 한국에서는 유독 브랜디(엄밀히 말하자면 브랜디의 세분류인 '꼬냑')가 고급 주류의 상징처럼 여겨지는 느낌이다. 물론 꼬냑은 비싸다. 하지만 비싸고 고급스럽기로는 소위 세계 3대 명주라는 마오타이와 스카치 위스키가 있음에도, 역시 '아버지의 서재에 고이 모셔져 있는 꼬냑 한 병'이 주는 포스를 따라가지는 못한다. 뭐, 일단 디자인의 영향도 상당할 것이다. 아무래도 주로 싼 가격이 핵심 라인업을 이루는 보드카, 럼, 진, 데킬라 등의 화이트 스피릿들은 고급으로 가도 특유의 '젊고 경쾌한' 디자인을 유지하는 경우가 많다. 마오타이는 일단 중국 술이니 양주 느낌이 안 나고. 고급으로 갈수록 대체로 디자인이 무뚝뚝해지고, 때로는 라벨에 싸인펜으로 일련 번호와 이름만 써 있는 싱글 몰트 위스키는 술꾼에게는 굉장한 임팩트를 줄지 몰라도 평범한 사람에게는 성의 없는 디자인으로 보이기 쉬울 것이다. 하지만 꼬냑은 어느 정도 가격만 되어도 범선 모양에 크리스탈 디캔터에 책 모양에 아주 디자인부터 남다르다. 게다가 문화와 예술의 나라 프랑스의 물건이 아닌가. 이쯤이면 주류계의 명품이요, 물건이라고 할 수 있다.

럼은 해적의 술이요, 진은 영국 노동계급의 소주요, 보드카는 추운 나라의 마약처럼 인식되는 상황에서, 브랜디와 꼬냑은 '멋진 중년'을 위한 술처럼 그려진다. 스니프터 글라스에 브랜디 한 잔, 그리고 시가, 옆에 놓인 중절모의 이미지는 1930년대 미국에서나 1960년대 일본에서나 지금의 한국에서나 별로 다르지 않은 위상을 지닌다. 이미지의 차원뿐 아니라 향미의 차원에서도, 브랜디는 확실히 '고급스러운' 술이다. 깊고, 그윽하며, 화려하고, 달콤하며, 도수도 높다. 물론 향미 차원에서 브랜디가 고급이냐 위스키냐 고급이냐를 논하는 것은 짜장면이 맛있나 짬뽕이 맛있나 하는 수준의 논의가 될 것이겠지만, 아무래도 '고급스런 느낌'은 브랜디 쪽이 한 수 위 아닌가 싶다. 발효와 증류, 숙성의 복잡한 과학적 과정에서 발생하는 향미 요소야 비슷하지만, 아무래도 포도가 보리보다 고급스러운 느낌이니까. 덕분에 뭘 섞어 먹기 애매하다는 단점이 있다. 역시 그냥 마시는 쪽이 좋다.

브랜디는 위스키와 마찬가지로, 사실상 증류 기술의 탄생과 함께 태어난 술이었다. 어원부터가 '증류한 와인'이다. 브랜디의 어원은 네덜란드어 브란드벤brandewijn으로, 이는 '태운 와인burned wine'을 의미한다. 하지만 '단지 증류기에 태워서 도수를 높인 와인'이라는 원형적 형태의 브랜디가 아닌 근대적인 형태의 브랜디가 탄생한 것은 15세기의 일이다. 당시 상인들은 세금을 적게 내고 보존성을 높이기 위해 와인을 증류해서 운송, 세관을 통과했다(와인을 증류해 내면 술 전체의 양은 줄어들어 세금이 줄어들고, 높아진 도수로 인해 보존성은 좋아진다). 그렇게 와인을 증류해서 운송하고 세관을 통과한 후에, 증류된 높은 도수의 와인에 물을 타서 '와인 도수'에 맞추어 와인을 파는 방식으로 당시의 상인들은 세금과 자연에 맞서 투쟁했다. 브랜디는 이 투쟁의 부산물이었다. 나무통에 증류된 와인을 운송하던 아무개씨는 어느 날 호기심이 동했다. '이거 그냥 마셔도 맛있지 않을까' 한 입 마셔 본 그는 소리를 질렀을 것이다. '어, 뭐야. 이거 왜 원주보다 더 맛있지?'

그렇다. 증류 과정의 화학적 과정과 나무통 안에서의 숙성 과정이 그 증류된 술에 다채로운 마법을 부린 것이다. 그렇게 '태운 와인'이 아닌 '브랜디'가 만들어지기 시작한 것이다.

유럽이 남미에 식민지를 건설하고 대규모 사탕수수 농장을 지어 싸구려 폐당밀로 럼을 대량 생산해 내기 전까지, 브랜디는 위스키와 함께 유럽을 대표하는 독주로 사랑받았다. 흔히 우리가 대항해시대를 상징하는 술을 '럼'이라고 생각하는데, 15~17세기 대항해시대의 바다를 주름잡던 것은 럼이 아닌 브랜디였다. 당장 대영제국 해군의 보급품이 브랜디에서 럼으로 바뀐 것이 1655년의 일이다. 럼은 '식민주의 시대'의 술이지, 대항해시대의 술이 아닐 지도 모른다. 여담으로, 많은 역사가들이 트라팔가 해전에서 전사한 대영제국의 호레이쇼 넬슨 제독의 유해를 보관한 통에 담긴 것이 럼이 아닌 브랜디였을 것이라 주장한다.

긴 역사를 자랑하는 만큼, 현대의 브랜디는 증류주치고 매우 다채로운 종류를 자랑한다. 당장 집 근처 주류점에 가 보자. 듣도 보도 못한 별의별 종류의 브랜디가 당신을 환영해 줄 것이다. 가격도 저렴한 것에서 엄청난 것까지 다양하다. 브랜드뿐 아니라 세분류와 방계 또한 다양하다. 사과로 만든 브랜디 깔바도스에서 시작해서 오렌지 향 꼬냑 그랑 마니에까지.

브랜디의 음용

브랜디의 가장 정석적인 음용 방법은 식후에, 스니프터 글라스에
담아, 상온으로 마시는 것이다. 다른 술과 달리, 약간 데워서
먹는 방식도 자주 권장된다. 기본적으로 복잡하고 섬세하며
달콤한 향이기에 그냥 샷 글라스에 담아 꿀꺽꿀꺽 마시는 쪽
보다는 다채로운 향미를 천천히 감상하며 마시는 쪽이 낫다.
물론 기분이나 상황에 따라 얼음에 부어 꿀꺽꿀꺽 마신다고
해도 이상한 일은 아니다. 몇몇 '정석적인 애주가'들이 들으면
부들부들할 일이지만, 콜라에 섞어 마시지 말라는 법도 없다.
웬만한 술꾼이라면 한 번쯤 들러 본 '한국 최고령 바텐더가 하는'
여의도의 모 바의 창작 칵테일 중에 '꼬냑+콜라' 조합이 있을
정도로 말이다. 권장되는 음용 방법은 있지만 잘못된 음용 방법
같은 건 없다. 자유롭게 생각하자.

　'다양한 취향의 여럿이 술자리에서 편하게 양주를 마시려면
역시 보드카나 진 같은 걸 한 병 사서 독한 것을 좋아하는
사람은 생으로 마시고 다른 사람은 토닉워터나 주스를 섞어
마시면 된다'는 이야기가 있다. 나쁜 발상은 아니지만, 필자라면
브랜디를 사겠다. 경험상 독주의 강한 알코올 향에 거부감을
느끼는 사람들이 그나마 가장 편하게 마실 수 있는 술이 브랜디다.
은은하게 달콤한 포도 향을 필두로 여러 말린 과일의 향미와 꽃의

향이 섬세하게 우러나오는 것에 불쾌감을 느낄 사람은 그다지 많지 않다. 물론 그럼에도 독주는 독주니까 힘들면 진저 에일 같은 걸 섞어 먹도록 하자. 하지만 애초부터 '술이 센 사람은 생으로, 약한 사람은 이것저것 섞어서'를 감안하고 사는 것보다는, '약한 사람도 한 번 시도 정도는 해 볼 만한 편안한 술'을 사서 안 되면 섞어 먹는 게 더 좋지 않을까.

유쾌하고 강렬한 향미 덕에, 꽤 많은 음식들과 잘 어울린다는 것 역시 브랜디의 강점이다. 그냥 마실 때, 브랜디는 분명히 섬세하고 다채로운 얼굴을 가진 술이다. 하지만 다른 음식, 혹은 술과 마실 때, 브랜디가 가진 강렬함의 진가가 드러난다. 코를 마비시킬 정도로 강렬한 향이나 혀를 마비시킬 정도로 매콤한 음식이 아닌 한, 브랜디는 꽤 많은 음식 앞에서도 자기 맛을 잃지 않는 강렬하고 굳건한 술이다. 양념 갈비라거나, 제사 끝나고 남은 식은 동태전이라거나, 무엇과 먹든 브랜디는 브랜디의 맛을 잃지 않는다. 맛의 강렬함으로는 둘째가라면 서러울 몇몇 아일레이 위스키들이 특정한 '평범한' 음식과 최악의 조화를 이루는 것을 생각하면, 브랜디의 이러한 강점은 더욱 빛난다.

단점이라면, 특유의 스타일과 강렬함 덕에 칵테일 조주의 가능성이 약간 한정되어 있다는 것이다. 술과 관련된 직업을 가진 사람이 아닌 이상, 브랜디 기주의 칵테일 이름을 대 보라고 하면 대여섯 개를 대기도 힘들 것이다. 아무 칵테일 북이나 한번 펼쳐 보자. 높은 확률로 '브랜디 기주 칵테일'이 가장 마지막 장에 위치해 있을 것이며, 분량도 다른 파트에 비해 적을 것이다. 물론 브랜디 특유의 화려함을 잘 살려 낸 고전적인 칵테일은 여전히 훌륭하다. 또한, 브랜디는 '고전적인 음료'들과 상당히 잘 어울린다. 아마 당신은 꽤 많은 영화와 소설에서, 커피나 홍차에 약간의 브랜디를 섞어 마시는 장면을 본 기억이 있을 것이다.

헤네시 VSOP
Hennessy VSOP

품격 있는 단맛

한국에서 '고급 술'을 이야기할 때 빠지지 않는 그 헤네시다.
김정일 국방위원장이 사랑한 술로도 유명하다. 그는 1년 동안
헤네시를 12억 원어치 구매하기도 했다. 세계적인 외교 전문지
〈포린 폴리시〉에 의하면 김정일 국방위원장은 1990년대 중반,
헤네시 프리미엄 라인업 '헤네시 파라디'의 단일 최다 구매자였다.
헤네시 파라디가 대략 한 병에 70~80만 원 정도 되니까, 1년에 2천
병쯤 샀다는 이야기다. 참고로 헤네시 파라디는 헤네시의 고급
라인업이긴 하나, 최고급 라인업은 아니다.

　'고급 술'이라는 개념은 참 애매하다. 필자가 아는 선에서,
역사적으로 가장 비싸게 팔린 술은 중국의 명주 '마오타이'다.

2011년 4월 10일, 중국에서 열린 한 경매에서 4억 원으로
시작해 15억 원에 낙찰되었다. 하지만 술 한 병에 15억 원이면
고급 술이라기보다는 초현실적인 술이라는 느낌이다. 평범한
고급품이라는 건 공산품, 그러니까 적절한 돈이 있으면 굳이
경매라거나 회원권 유지, 혹은 구매 대행을 거치지 않고 동네의
주류 전문점, 혹은 백화점에서 구할 수 있는 수준이어야 한다.
독재자 김정일도 반항적인 래퍼 투팍 샤커도 평등하게 즐길 수
있는 헤네시야말로 이러한 자본주의 시대의 고급 술이 아닌가
싶다.

　　1765년 루이 15세를 섬기던 아일랜드인 장교 리차드
헤네시(혹은 리샤르 에네시)가 설립한 헤네시 증류소는 1971년
돔페리뇽으로 유명한 샴페인 회사 모엣샹동과 합병해 모엣-
헤네시를 이루고, 이 모엣-헤네시는 1987년 그냥 유명한 회사
루이비통과 합병해 LVMH, 모엣-헤네시-루이비통이 된다.
브랜드의 역사를 나열하기만 해도 럭셔리하다. 헤네시의
라인업은 술에 깃든 과일 단맛을 가장 육감적으로 완성한다고
생각한다. 헤네시에 비하면 레미 마틴은 달지도 쓰지도 않은 것이
어정쩡하고(좋게 말하면 밸런스가 좋다), 까뮈는 너무 드라이하다.

　　원래 동급의 꼬냑에 비해 살짝 비싼 느낌이 있었으나,
LVMH가 한국 시장에서 철수한 이후로 가격이 더 오른 느낌이다.
하지만 딱히 대체품이 없다. 칵테일의 근본 없는 단맛이나 럼의
설탕 같은 단맛, 보드카의 알코올 특유의 단맛이 아닌 술 자체의
품격 있는 단맛을 즐기고 싶다면, 헤네시가 가장 적절한 선택이 될
것이다.

브랜디 알렉산더
Brandy Alexander

따뜻한 아이스 아메리카노 같은

알렉산더 자체는 원래 진 기주의 칵테일이지만, 브랜디 버전의
브랜디 알렉산더 쪽이 어딘가 더 맛있고 원래부터 있던 칵테일
같다(고 필자와 몇몇 친구들은 생각한다). 영국 왕 에드워드 7세의
왕비 알렉산드라에서 유래했다는 설도 있고, 러시아의 차르
알렉산더 2세에서 유래되었다는 설도 있다. 확실한 건 이름의
유래에 18~19세기 초의 사람들이 등장할 정도로 상당히 오래된
칵테일이라는 것이다. 물론 당연히 레시피 자체는 이름이 붙기 훨씬
전부터 확립되었을 것이다. 누구라도 브랜디와 카카오와 크림이
있다면 한 번쯤 섞어 보고 싶을 것이니까. 적당한 술의 느낌을
유지하면서도 달콤하고 크리미한 칵테일이라는, 뭐랄까 따뜻한
아이스 아메리카노 같은 칵테일이다. 브랜디의 달콤함을 살리는
쪽이 좋다는 느낌이라 헤네시를 자주 사용하는 편이지만, 어느
브랜디를 사용해도 좋다. 외려 가끔은 포도의 투박한 향이 충분히
정제되지 않은 이름 모를 정체불명의 저가 브랜디를 사용하는 쪽이
재미있는 맛을 내기도 한다.

글라스
칵테일 글라스

재료
헤네시 VSOP 30ml, 크렘 드 카카오 30ml, 크림 30ml

제법
크림이 충분히 질감을 낼 수 있도록 길고 강하고 오래 셰이크한 후 글라스에
담는다.

이럴 때 좋을 한 잔

기본적으로 언제 마셔도 좋을 칵테일이다. 솔직히 브랜디 알렉산더를 싫어하는 사람은 거의 못 본 것 같다. 우유, 크림이 들어감에도 브랜디의 화려한 향이 우유 특유의 향을 잘 잡아 주며, 여기에 추가로 넛맥이나 포트 와인까지 사용하면 역시 아무도 싫어할 수 없는 칵테일이라고 생각한다.

또 다른 제법 Tip

우유나 크림을 사용하는 칵테일 중에 우유나 크림의 향미를 함께 가져가는 게 좋은 칵테일이 있고, 특유의 향미는 제어하면서 질감만 가져가는 편이 좋은 게 있다. 브랜디 알렉산더는 후자라고 생각하는데, 이런 경우 셰이크 하기 전 혹은 글라스에 담긴 칵테일 위에 넛맥 가루를 뿌려 주면 우유 특유의 향미가 제어된다. 깊이 있는 달콤함을 강조하고 싶다면 원 레시피에 포트 와인을 15ml 정도 추가해 봐도 좋다.

레미 마틴 VSOP
Remy Martin VSOP

'정통' 프랑스 꼬냑

한국에서나 세계에서나 꼬냑의 2강 체제를 구축는 레미 마틴이다.
프랑스, 와인, 꼬냑과는 별 상관없는 아일랜드 출신 군인이 설립한
헤네시와 달리, 레미 마틴은 프랑스의 와인 제조자 레미 마틴이
설립한 '정통' 프랑스 꼬냑이다. 포도 이야기가 공식 홈페이지의
소개에서 가장 많은 분량을 차지하고 있을 정도로 사용하는
포도에 대한 자부심이 상당하다. 그랑 샹파뉴와 쁘띠 샹파뉴
지역의 위니 블랑 품종을 주로 사용한다.

레미 마틴의 역사에는 전설적인 에피소드도, 기상천외한
모험담도 없다. 이러한 '조용함'이 레미 마틴의 정체성일 수 있다고
생각한다. 물론 필자는 별 이야깃거리 없는, 무난하고 안정감 있는

술보다는 흥미로운 이야기와 전설을 자랑하는, 특이한 느낌의 술을 더 좋아한다. 직업적으로도 그쪽이 더 편하다. 팔기도 쉽고, 칵테일을 만들 때 이미지를 가져가기도 쉽다. 하지만 세상 모든 것들이 그렇듯이, 개성이 전부는 아니다.

그렇다고 레미 마틴이 개성이 전혀 없는, 꼬냑이나 더 나아가 브랜디 전체를 대표할 수 있는 '완전히 무난한' 스타일의 술은 아니다. 레미 마틴은 꼬냑 중에서나 브랜디 중에서나 제법 드라이한 느낌이 강한 편이다. 브랜디라는 술은 기본적으로 포도로 만들어지며 그것을 강하게 어필하는 술이기에, 싸구려 브랜디라 할지라도 포도와 과일 느낌이 상당한 편이다. 또한 고급 브랜디 혹은 꼬냑으로 갈수록 과일 특유의 농밀함을 강조하는 경향이 있기도 하다. 하지만 레미 마틴은 그 경향에서 상당히 벗어나 있다. 덕분에 꽤 많은 사람들이 헤네시와 레미 마틴 중에 헤네시를 브랜디 입문용으로 자주 추천한다. 아무래도 헤네시 쪽이 마시기 더 쉽고, 브랜디 특유의 달콤하고 화사한 느낌이 살아 있으니까. 맛의 복잡성 면에서도 헤네시가 레미 마틴보다 강렬하다. 이렇게 쓰고 나니 굉장한 헤네시 예찬론자처럼 보이는데, 필자는 개인적으로 헤네시보다 레미 마틴을 선호한다. 그리고 술이, 알코올 자체가 주는 쓸쓸함과 여운을 좋아하는 쪽이라면 아마 헤네시보다 레미 마틴이 좋은 선택이 될 것이라고 생각한다. 꼬냑 자체에 대한 애호가 강한 편이라면 좀 다를 수 있겠지만, 필자는 술 중에서는 진을 좋아하고 비슷한 수준의 술이 있으면 단것보단 쓴것을 선호하는 편이다.

호스 넥
Horse's Neck

화려하게, 화려하게, 귀찮게

화려한 모양 덕분에 어떤 칵테일 레시피북에도 빠지지 않으나,
귀찮음을 감수하는 것에 비해 맛이 특출하게 좋은 것도 아니고
재료의 문제도 있고 해서 그렇게 인기 있는 칵테일은 아니다.
한국에서 괜찮은 저가 브랜디를 찾는 건 정말 힘든 일인데, 가장 싼
게 레미 마틴 VSOP이고, 이마저도 싸지 않다. 그리고 진저 에일은
다른 탄산수에 비해 아직 좀 덜 대중화된 느낌이다. 그래도 만들고
나면 보람차다. 레몬 껍질을 끊어지지 않게 길고 예쁘게 자른 후,
얼음을 둘러 뱀처럼 장식하는 것이 핵심이다. 아, 물론 과일을
다루는 것은 술을 다루는 것만큼이나 중요한 일이기에, 과일 껍질을
다루는 연습을 하기에 이만한 칵테일도 없다. 레몬 껍질을 길게
자르다 너무 힘들면 시중에 나온 시트러스 필러를 사자. 물론 그걸로
잘라도 중간에 잘 끊기지만, 칼로 하는 것보단 훨씬 편할 것이다.
이도 저도 귀찮은데 특유의 맛은 필요하다면, 그냥 레몬 껍질을 좀
길게 잘라서 장식하자.

글라스
하이볼 글라스

재료
레미 마틴 VSOP 40ml, 진저 에일 120ml, 취향에 따라
앙고스투라 비터 1대시

제법
빌드한다.
레몬 껍질을 길게 잘라 장식하는 것이 핵심이다.

이럴 때 좋을 한 잔

브랜디에 탄산, 게다가 신경 써서 만든 예쁜 장식은 우울할 때 마시기 참 좋은 느낌이다. 독거인이 우울함을 극복하는 가장 좋은 방법 중 하나로 예쁜 접시에 음식 플레이팅해서 차려 먹기가 꼽히는 것과 같은 식이다. 물론 레몬 껍질을 세 번쯤 끊어 먹으면 브랜디고 잔이고 다 박살 내고 싶어지겠으나.

또 다른 제법 Tip

과일 껍질을 사용하는 칵테일들이 다 그렇듯, 과일 껍질을 어느 정도 수면 위로 노출시킬 것인지, 과일 껍질의 일부 혹은 전체를 살짝 그을리거나 다른 향신료로 덮을 것인지 등에 따라 향미가 많이 좌우된다.

깔바도스
Calvados

포도로 만들지 않은 브랜디

압생트가 미술 애호가의 판타지를 자극한다면, 깔바도스는 문학
애호가의 판타지를 자극한다. 소설《개선문》의 주인공, 우울한
시대의 우울한 망명객 라빅이 우울을 달래기 위해 마시는 술이다.
압생트와 깔바도스는 문화예술의 나라 프랑스의 술이라는
공통점과 함께, 태생 자체가 싸구려라는 공통점도 있다. 하지만
지리적으로 먼 나라의 싸구려 물건들이 그러하듯 구하기 어렵고
구한다 해도, '대체 이게 왜 이렇게 비싸지. 이 가격에 살 고급 술이
아닌데' 하며 분노가 치밀 수 있다.

깔바도스는 사과 브랜디다. 8세기경 샤를마뉴시대부터
생산되던 사과 발효주를 16세기에 증류한 것이 깔바도스의

기원이다. 19세기, 필록세라 진드기로 프랑스의 포도밭이
궤멸하면서, 깔바도스는 황금기를 누렸다. 필록세라 사태는 유럽
주류사에 여러 영향을 끼쳤다. 유럽을 주름잡던 와인과 브랜디의
가격이 치솟으며, 스카치 위스키, 깔바도스 등 다양한 술이
활로를 찾았다. 당대의 와인 또는 브랜디 애호가, 업자에게는 슬픈
일이었지만, 후대의 술꾼에게는 좋은 일이었다. 뭐, 세상일이란 게
그렇다.

　　깔바도스는 위스키나 꼬냑처럼 고급화로, 진이나 럼처럼
역사적 맥락으로 세계적으로 히트를 친 술이 아니다. 그저 프랑스
'깔바도스' 지역의 브랜디일 뿐이다. 딱히 대중적인 명성을
자랑하는 브랜드도, 전설이나 신화도 없다. 경험상 깔바도스를
찾는 사람은 두 부류다. 술꾼이거나, 고전문학 애호가거나. 어쨌든
제법 인기가 있다.

　　사과술이지만 달콤한 사과 맛이 나지는 않는다. 약간의 사과
향이 감도는 텁텁하고 건조한 독주로, 마시고 있으면 프랑스의
가난한 예술가가 된 것만 같다. 맛을 설명하기가 참 쉽지가 않은데
술꾼치고 깔바도스를 싫어하는 경우는 거의 보지 못했다. 다만
너무 큰 기대는 말도록. 기본적으로 투박하고 단순하며 독하다.
나치 독일을 피해 프랑스로 망명한 외과 의사가 마실 만한 술로,
19세기 초반의 파리 문화예술계에서나 유행할 그런 술이다. 물론
가격은 투박하지 않지만, 그래도 한 번쯤 마셔 보는 건 즐거운 일이
될 것이다.

잭 로즈
Jack Rose

이제는 없는 고전의 향미

100년 전에 이미 전성기를 보낸 고전 칵테일 잭 로즈다. 그런 칵테일인 터라 당연히 정확한 유래가 있을 리 없다. 당시의 유명한 사기도박사 잭 로즈의 이름을 붙였다는 설도 있고, 당시에 유명했던 바텐더 조셉 로즈가 발명한 후에 자기 이름을 붙였다는 설도 있다. 잭 로즈의 역사성에 대해 이런 재미있는 이야기가 있다. 2명의 작가가 워싱턴에서 잭 로즈를 마시려 바를 전전했다. 수많은 바들을 전전했지만 결국 잭 로즈의 주재료인 애플 잭을 보유하고 있으며 바텐더가 잭 로즈를 만들 줄 아는 바를 찾지 못했다. 결국 그들은 어찌어찌 애플 잭 한 병을 사서 잭 로즈의 제법을 아는 바텐더에게 부탁해서, 결국은 마실 수 있게 되었다. 굉장히 소설적인 느낌이 물씬 나는, 일종의 도시 전설인 것 같지만 2003년 1월의 〈워싱턴 포스트〉에 실린 실화다. 애플 잭 대신, 다른 사과술 깔바도스로 한 잔 만들어 보자. 물론 아쉽게도 한국에서는 깔바도스도 그닥 대중적인 술은 아니기에, 구하기 약간 귀찮을 수도 있겠지만.

글라스
칵테일 글라스

재료
애플 잭 혹은 깔바도스 50ml, 레몬, 라임주스 20ml, 그레나딘 시럽 10ml

제법
재료를 셰이크한 후 칵테일 글라스에 담는다.
체리와 사과 슬라이스로 장식한다.

이럴 때 좋을 한 잔

깊고 화려하면서도 고전적인 맛이 필요할 때. 혹은 정말 옛것이 필요할 때. 그러니까, 이 칵테일의 본고장인 미국에서, 2003년에도 이름만 존재하던 칵테일 같은 걸 마시고 싶은 어떤 박물관적인 기분이 들 때.

또 다른 제법 Tip

원래 레시피는 이름답게 애플 잭을 쓰는 칵테일이지만 미국에서도 구하기 힘들다는 애플 잭을 한국에서 구하는 건 쉬운 일이 아니고, 요즘 레시피 북을 보면 별다른 설명 없이 그냥 깔바도스라 나와 있는 경우가 많다. 그냥 깔바도스를 쓰자.

3장

"지금부터 다루게 될 것들은 우리가 마시고 섞을 술의 조연들이다. 비주류라고 해도 좋겠다. 일단은 술이 아니니까. 그러니까, 알코올이 들어간 조미료라 할 수 있는 리큐르에 대한 이야기로 시작해서, 허브나 스파이스, 과일, 탄산수, 얼음 같은 것에 대해 이야기해 볼 생각이다. 없어도 좋지만, 있으면 좋다. 몰라도 되지만, 알면 더 재미있을 것이다."

셋째 잔의 대화

1장에서는 술을 마시고 섞는 '방법'에 대해 이야기했고, 2장에서는 마시고 섞을 '술'에 대해 이야기했다. 자, 당신은 이제 대충 술을 마실 줄 알고 섞을 수 있으며 바에서 시킨 칵테일이나, 대형 마트 매대에 있는 술을 보면서 몇 가지 말을 얹을 수 있는 사람이 되었다.

이제 마지막 3장이다. 3장으로 이루어진 책들이 보통 그렇듯, 3장에서는 앞 장에서 다룬 것들에 대한 다소 심화한 내용을 이야기할 것이다. 그렇다고 엄청나게 어려운 이야기는 아니다. 칵테일을 둘러싼 유체역학이라거나 푸드 사이언스, 향미체계에 대한 화학적 접근 같은 내용은 전문적으로 다루는 상급자용 책에서 살펴보도록 하자.

3장에서 중심적으로 다루게 될 것들은 우리가 마시고 섞을 술의 조연들이다. 비주류라고 해도 좋겠다. 일단은 술이 아니니까. 그러니까, 알코올이 들어간 조미료라 할 수 있는 리큐르에 대한 이야기로 시작해서, 허브나 스파이스, 과일, 탄산수, 얼음 같은 것에 대해 이야기해 볼 생각이다. 없어도 좋지만, 있으면 좋다. 몰라도 되지만, 알면 더 재미있을 것이다. 리큐르들은 당신 집에 이미 쌓여 있는 다른 독주들에 가장 손쉽게 강렬한 향미를 부여해 준다. 이미 집에 한두 병의 진과 보드카를 사 둔 상태에서 코앵트로

한 병만 산다면 당신은 손쉽게 화이트 레이디, 발랄라이카, 카미카제, 페구 클럽을 만들어 볼 수 있을 것이다. 향신료로 사용되는 허브와 스파이스는 소량만 사용해도 칵테일의 느낌을 크게 바꿔 줄 수 있다. 로즈마리를 얹은 진 토닉은 그렇지 않은 진 토닉보다 훨씬 화려한 향미를 자랑하게 될 것이며, 아주 손쉬운 칵테일인 깔루아 밀크에 얹은 팔각이나 육두구, 시나몬은 당신이 지금껏 알던 맛의 세계와는 완전히 다른, 새로운 세계를 보여 줄 것이다. 얼음과 온도에 대한 고민을 하게 된 당신은 전보다 더 맛있는 칵테일을 만들 수 있으며 더 맛있게 위스키를 마실 수 있게 될 것이다.

물론 2장에서 다룬 친구들에 비해, 여기서 다루는 친구들을 구매할 때에는 조금 더 신중하게 생각해야 할 필요가 있다. 독주들과 달리, 여기서 다루는 친구들은 기본적으로 쉽게 상하며, 단위당 가격도 만만치 않으며, 요리나 차 등의 다른 활용처가 없으면 반쯤 버리게 될 수도 있으니까. 특히나 허브는 계절에 따른 가격 차이도 상당하며, 많이 사면 금방 상하고 적게 포장된 것을 사면 꽤 비싸다(이는 홈 칵테일의 영역을 넘어, 작은 바 규모에서도 곤란을 겪게 되는 문제 중 하나다). 뭐 겸사겸사 이 기회에 허브를 사용하는 요리에 대해 공부해 보는 것도 재미있는 일이 될 것이다. 가끔 집에서 만들어 마시는 한 잔을 위해 이 장에 나오는 친구들을 구해 상비해 둘 필요는 없을 것이다. 하지만 하루 날을 잡아서 이것저것 재미있는 것들을 더 재미있게 만들어 보고 싶다거나, 홈 파티를 하고 싶다거나, 홈 칵테일을 넘어 홈 쿠킹에 다각적으로 도전해 보고 싶다거나 한다면, 역시 한번 사 보는 것도 나쁘지 않다. 자, 이제 책의 끝에 거의 다 왔다. 건투를 빈다.

술의 조연들

리큐르

리큐르Liqueur는 증류주에 과일, 크림, 허브, 스파이스 등으로
향을 첨가하고 시럽이나 감미료로 단맛을 낸 술을 의미한다.
아주 쉽게 말하자면, 집에서 해 먹는 담금주 같은 것이다(담금용
소주+과일+설탕). 엄밀히 말하자면, 담금주를 만들 때 사용하는
담금용 소주도 결국 희석식 소주인데, 이 희석식 소주라는 것도
당밀 증류주에 여러 향신료와 감미료를 섞은 술이니 이미 일종의
리큐르라고 할 수 있다. 또한 대형 마트에서 쉽게 찾아볼 수 있는
플레이버드 보드카(앱솔루트 피치니 스미노프 빅 애플이니 하는 것)도
엄밀히는 보드카라기보다는 리큐르에 속한다. 물론 편의상, 그리고
맛 차원에서 '플레이버드 보드카'라는 분류를 사용하지만.

이러한 리큐르는 칵테일 조주에서 일종의 '알코올이 들어간
조미료' 역할을 한다. 사과 맛이 나는 술을 마시고 싶은가?
보드카에 사과주스를 섞으면 된다. 이렇게 만들면 도수가 너무
낮고 달착지근하다고? 그러면 보드카와 사과주스를 반반씩 섞어
보라. 사과 맛 술이 아니라 '약간의 사과 느낌이 나는 보드카'가
될 것이다. 적당한 도수와 적당한 달콤함을 한 번에 잡고 싶다고?
그렇다면 보드카에 사과 맛 리큐르를 섞으면 된다. 자, 이렇게

당신은 애플 마티니를 만들게 되었다.

그냥 사과 맛 리큐르를 사 마시면 되지 않나, 라는 반문을 할 수도 있겠지만 리큐르는 기본적으로 '조미료'를 목표로 만들어진다. 고소한 걸 먹고 싶다고 참기름이나 올리브유를 머그잔에 담아 마실 수는 없는 일이다. 기본적으로 리큐르는 일반적인 주스보다 더 농축된 맛과 향을 지니며, 대체로 달다. 소위 '프리미엄 리큐르'라고 불리는, 분류상의 이름보다 자기 브랜드로 유명한 리큐르의 경우에는 그냥 마시기에도 나쁘지 않다.

재료 이름이 그대로 브랜드 이름이 되는 리큐르의 경우, 그냥 그 맛이다. 이를테면 '버터스카치 리큐르'는 그냥 버터스카치 맛이고, '크렘 드 바나나'는 그냥 바나나 맛이 난다. 그런 리큐르들은 되도록 그냥 마시지 않기를 추천한다. '단일한 술'로서 완성도는 매우 떨어진다. 그리고 몇몇 리큐르는 단맛과 알코올 맛이 혼탁하게 섞여 있어 어떻게도 사용하기 힘든 경우도 있다(브랜드 문제도 있고 취향 문제도 있으니 특정하지는 않겠다). 그런 경우에는 그냥 시럽을 쓰자.

리큐르의 종류는 세상에 존재하는 맛 종류만큼이나 많다. 누차 강조하지만, 음식의 조미료 같은 것이다. 하여 여기서 목록을 모두 설명할 수는 없고, 가장 대표적이며 집에서 무언가를 연습할 때 우선적으로 구해 두면 좋을 것을 몇 개만 활용도 위주로 설명하겠다.

트리플 섹

오렌지 리큐르. 오렌지 과육과 껍질을 함께 사용해서 만드는 리큐르이기에, 그냥 달콤한 맛이 아닌 '쌉쌀하며 달콤한' 느낌이 난다. 식전주로 그냥 마시기도 하지만, 주로 칵테일과 제빵에 사용된다. 가장 자주 사용되는 리큐르다. 여기에 색소로 푸른 색을

낸 '블루 큐라소'가 존재한다. 프리미엄 리큐르로 '코앵트로'가
있는데, 두 배 정도 비싸지만 두 배 정도 맛있다. 칵테일 바 위주의
홈 바를 구성한다면 이론의 여지없는 원탑 필수품이다. 당신이
기억하는 '새콤달콤한 칵테일'에 안 들어가는 곳이 없다. 단지
새콤달콤한 칵테일 외에도 수많은 클래식 칵테일과 현대적인
칵테일과 무거운 칵테일과 가벼운 칵테일에 들어간다. 잊지 말자.
무조건 코앵트로를 사자.

피치 슈냅스

편안하고 달콤한 복숭아 향 리큐르. '달달하고 도수가 낮다'
싶은 칵테일에 자주 들어가고, 트로피컬 칵테일에 약방의 감초
격으로 조금씩 들어간다. 주스 맛 칵테일을 좋아한다면 다른
어느 리큐르보다 중요하고, 그렇지 않다면 우선순위에서 많이
밀린다. 부담 없이 맛의 충돌 없이 달콤한 맛을 내는 데 아주 편한
리큐르다. 디카이퍼 피치트리를 사자.

버무스

주정 강화 와인의 일종으로, 와인에 추가적인 알코올과 허브,
향신료를 넣어 만든다. 싸구려 와인 대용으로도 좋고, 술에
'기품'을 부여하는 데도 좋다. 멋진 이미지를 가진 수많은 칵테일에
들어간다. 트리플 섹 다음으로 범용성이 높은 리큐르지만,
아무래도 '본격 술맛이 나는 칵테일'에 주로 들어가기에 독주를
즐기지 않는다면 범용성이 애매할 수도 있다. 하지만 일단 사자.
가격도 싸고 여차하면 그냥 얼음에 탄산수 넣고 싸구려 와인
마시듯 마시면 되니까. 드라이, 스위트, 비앙코 등 여러 장르가
있는데, 각각 사자. 아, 보존 기간이 매우 짧고, 쓰이는 칵테일에
대체로 아주 조금씩 들어간다. 음주 습관에 따라, 사서 돈 날릴

각오를 해 둘 필요가 있다.

아마레또

아몬드, 살구씨 등의 '화려하고 달콤한 곡물의 향'이 나는
리큐르다. 달고 쓰고 호사스러운 맛이 난다. 기본적으로 자기 색이
강하고 화려한 편이기에, 어떤 독주와 대충 섞어도 어울린다.
하지만 전체적인 범용성은 그리 좋지 않은 느낌이다. 산다면
비싸고 맛있는 디사론노 아마레또를 사도록 하자.

캄파리

캄파리를 좋아한다고 해서 모두 알코올 중독자는 아니지만,
알코올 중독자는 모두 캄파리를 좋아한다는 농담이 있다.
꽤 큰 클럽을 경영하는 아는 누나는 캄파리 한 박스를 사면
그중에 네 병을 자기가 마셔 버리고 두 병만 팔게 되어서 결국
캄파리를 라인업에서 빼 버렸다. 트리플 섹과 마찬가지로 오렌지
리큐르인데, 오렌지 껍질에서 나는 씁쓸한 쓴맛에 주력한
리큐르다. 지중해 느낌의 '화려하고 씁쓸하며 과일 느낌이 나는'
거의 모든 칵테일에 사용된다. 독한 칵테일에서 편한 칵테일에
이르기까지.

크렘 드 카시스

서양식 복분자주다. 이것 하나로 모든 설명을 요약할 수 있다.
데킬라를 좋아한다면 한 병 쟁여 두도록 하고, 그게 아니더라도
감초처럼 조금씩 들어가는 경우가 많으니 사 두도록 하자. 수입이
되다 말다 되다 말다 하지만 그래도 대체로 남대문시장에 가면
있는 르제 디종의 카시스가 맛이 꽤 괜찮다(발색이 좀 어둡고
무겁지만, 맛이 진하고 괜찮다). 색감을 원한다면 디카이퍼 카시스를,

풍부한 맛을 원한다면 르제 디종 카시스를 구입하는 것이 좋다.

샤르트뢰즈

131종류의 허브가 들어가는, 허브 리큐르계의 끝판왕, 최고존엄이다. 어째선지 '사프란 리큐르'라는 이미지가 강한데, 그런 이미지로 생각해도 큰 무리는 없다. 131개의 허브에서 나는 화려하고 자극적이며 섬세한 맛이 특징이다. 40도의 옐로 샤르트뢰즈와 55도의 그린 샤르트뢰즈가 주요 라인업이며, 남대문시장을 뒤진다면 농축액이라 할 만한 샤르트뢰즈 EV같은 걸 구해 볼 수도 있을 것이다. 허브 향을 좋아한다면 한 병 놓아둘 만하고, 토닉워터만 섞어도 꽤 맛있다. 아, 그리고 리큐르치고 상당한 가격이다. 그래도 돈값을 제대로 하는 친구.

드람뷔

위스키를 기반으로 꿀과 다양한 허브가 섞인 40도짜리 독하고 달콤한 리큐르, 드람뷔다. 스코틀랜드 왕가에서 전해지던 레시피를 기반으로 만들어지는 술이라고 한다. 기본적으로 몹시 달고 끈적하지만, 다른 독한 술과 잘 섞일 때 특유의 산뜻한 허브 향이 살아나는 입체적인 리큐르다. 위스키를 좋아한다면 한 병 구해 둬도 좋다. 드람뷔가 사용되는 칵테일의 90% 이상은 위스키가 기주인 칵테일이다. 그냥 마셔도 나쁘지 않다. 다만 위스키 이외의 칵테일에서 범용성은 아주 좋은 편이 아니다.

디카이퍼, 볼스, 마리 브리저

칵테일 바에 가 보면 가장 많은 영역을 차지하고 있는 술병의 라벨이 저 셋 중 하나일 것이다. 대표적인 리큐르 생산 회사로, 조미료만큼 다양한 맛의 술을 만든다. 디카이퍼 브랜드는 대체로 색과 향이 강렬하고, 인공 재료를 전혀 사용하지 않는다는 마리 브리저드 리큐르는 상당히 부드러운 편이고, 볼스는 중간 어디쯤인데 요즘 잘 안 보이는 느낌이다. 정말 좋아하는 맛이 있다면 사 두는 것도 좋지만, 이 브랜드의 술들은 어디까지나 조미료라는 걸 잊지 말자. 조미료는 음식에 많이 들어가지 않고, 그냥 먹기엔 애매하다는 걸 기억하자.

허브

허브 차에 자주 쓰이는 민트, 로즈마리, 레몬밤 등은 칵테일을
만들 때도 훌륭한 향신료이자 장식이 된다. 다만 레몬그라스처럼
주로 냉동 상태로 유통되거나 캐모마일처럼 건조 상태로 유통되는
것들은 끓인 물을 사용하는 차에는 손쉽게 활용 가능하나, 얼음을
사용하는 칵테일에는 제대로 된 효과를 내기 쉽지 않다. 과일이나
허브나, 냉동한 친구들은 아무래도 향미가 많이 처지게 된다(물론
차와 접목한 칵테일이라거나, 따뜻한 칵테일을 낸다면 저런 것도 훌륭한
부재료가 될 것이다).

　허브를 칵테일에 얹어 낼 때에는 허브를 손에 얹고 한 번 팡
쳐 주면 향이 좀 더 살아난다. 허브 향 자체를 강하게 내고 싶을
때는 머들러로 허브를 으깨는 게 최고다. 다만 너무 심하게 정말로
으깨듯이 비비면서 누르면 허브 향만 나오는 게 아니라 풀 특유의
쓴맛이 배어 나오므로, 허브를 지긋이 짓누른다는 느낌으로
머들링을 해 주는 것이 좋다. 심하게 찢긴 채로 잔 위에 둥둥
떠다니는 풀잎의 잔해는 보기에도 안 좋다.

　주변의 대형 마트나 인터넷 마켓을 통하여 허브를 쉽게
구입할 수 있다. 대형 마트에서는 소분해 꽤 비싼 가격으로
판매하는 편이고, 식재료 전문점이나 인터넷 마켓 등을 찾아보면
대량으로 꽤 싸게 구할 수 있다. 하지만 당신이 바텐더나 허브 광이
아닌 이상, 금방 상태가 나빠진 대량의 풀 더미를 사서 나중에
어디에 쓸지 신중하게 생각하고 구매하기 바란다. 집에 친구를
불러 모히토 파티 같은 걸 하고 싶다면 대량으로 사는 게 좋겠지만,
간단히 허브 칵테일 한두 잔을 마실 생각이라면 마트에서
소분해서 파는 걸 비싸게 사는 편이 낫다.

민트

그야말로 민트 향이 나는 허브, 민트다. 칵테일에 가장 자주
사용하는 허브가 아닐까 한다. 스피어민트, 페퍼민트, 애플민트
정도가 구하기 쉽다. 스피어민트는 무난하고, 페퍼민트는 그야말로
친숙한 박하 향이 나며, 애플민트는 가벼운 민트 향에 달콤한
향이 섞여 있다. 치약 같은 민트 향을 느끼고 싶다면 페퍼민트나
스피어민트를, 적당히 부드러운 느낌을 원한다면 애플민트를
추천한다. 모히토의 주재료로, 워낙 대중적인 향이라 적당히 아무
데나 넣어도 나쁘지 않다.

로즈마리

소나무 같은 신선한 느낌을 자랑하는 허브로 실제로 모양도
소나무잎과 비슷하다. 특유의 향이 강해서 호불호가 상당히
갈린다. 살짝 태워 주면 향이 더욱 강렬해진다. 일반적으로 구할
수 있는 허브 중에 가장 향이 강한 편이고, 향 자체도 호불호가
강하므로 사용 시 약간의 주의를 요한다. 청량한 느낌이 강하기에
기본적으로 진이 기주인 칵테일과 탄산으로 채우는 상큼한
칵테일에 잘 어울린다.

레몬밤

레몬 향이 나는 풀이다. 강렬하고 시큼한 시트러스 향이 아닌,
편안하고 부드러운 레몬의 향이 특유의 풀 내음과 어우러진
느낌이다. 잎과 줄기가 무척 큰 편이지만 향 자체는 그렇게 강렬한
편이 아니기에 화려한 시각적 효과를 내기 좋다. 레몬 향이
들어가는 칵테일 전반에 어울린다. 다만 향의 계열이 레몬의 새콤
달달한 느낌보다는 쌉싸름한 느낌에 가깝기에 단맛에 완전히
집중하는 칵테일에는 그다지 어울리지 않는다. 물론 달콤한

칵테일에 약간의 변주를 주려는 용도라면 괜찮은 선택이 될
것이다.

바질

다른 잎 허브들이 대체로 차와 술, 음료의 재료로 쓰이는 반면,
바질은 피자나 파스타 같은 이탈리아 요리에 주로 사용된다.
맛과 향 자체가 호화롭고 화려한 느낌이라 평범한 칵테일에는 잘
어울리지 않는다. 정말 빨리 상태가 나빠지지만 요리에 편하게
사용할 수 있는 허브인 만큼 요리를 좋아하면 많이 사도 괜찮겠다.
식물적인 느낌의 칵테일이나, 오이, 레몬, 자몽, 키위, 딸기 등의
상큼한 과일과 함께하는 칵테일이나 요리를 만들 때 상당히
편하게 사용할 수 있다.

셀러리

맛없는 야채의 대표주자 셀러리다. 필자는 이걸 아주 약간의
단맛과 풀 맛이 나는 막대기라고 생각한다. 민트, 라임 등의 상큼한
부재료들과 같이 쓰거나, 샐러드급으로 허브와 풀과 과일이
이것저것 막 들어가는 호화찬란하고 배부른 칵테일에 사용한다.
고전적인 블러디 메리를 만들 때도 좋다.

스파이스

말 그대로 요리에 사용되는 향신료들이다. 요즘은 대형 마트 향신료 코너에 가면 웬만한 것들이 다 있다. 그 웬만한 것들을 다 사용해 보도록 하자. 요리에도 사용되며, 대체로 잘게 썰어 건조한 유형이 많아 보관도 편하니 사 둬도 금방 버리게 되는 일은 적은 편이다. 다만 양에 비해 비싸고(물론 쓰다 보면 영원히 쓸 수 있다. 어차피 조금씩만 사용하는 거니까) 사용하는 양 자체도 적은 편이니 맛있는 '딱 한 잔'을 위해 사는 것은 추천하지 않는다. 가급적 '통 스파이스'를 사서 쓸 때마다 그레이터나 그라인더로 갈아서 쓰는 쪽이 '분말형 스파이스'보다 향을 살리는 데 좋다.

후추

요리에서 가장 광범위하게 사용되는 향신료라고 할 수 있겠다. 주로 위스키가 기주인 칵테일 위에 살짝 얹어 위스키의 스파이스한 향을 살리거나, 계란, 우유가 들어가는 칵테일에 사용해서 비린내를 컨트롤하는 데 사용된다. 순후추라고 쓰인 그라인드 페퍼를 쓰는 것보다는 통후추를 갈아 쓰는 쪽이 비주얼 면에서나 칵테일에 적절한 식감 면에서나 어울린다. 요즘에는 세라믹 그라인더가 달린 제품도 많다.

육두구

후추와 용도가 유사하다. 이 또한 계란, 우유가 들어가는 칵테일에 사용해서 비린내를 억제하는 데 매우 효과적이다(후추와 달리 극소량만으로도 전체적인 비린내를 싹 없을 수 있다). 콜라로 채우는 칵테일에서 콜라의 맛을 좀 더 화려하게 만드는 용도로도 쓸 만하다.

시나몬

예쁘게 가공된 시나몬 스틱은 훌륭한 비주얼을 자랑하지만 꽤 비싸다. '시가 시나몬'이라는 이름으로 검색하면 아주 예쁘지는 않지만 한약방의 계피보다는 쓰기 편하고 예쁘며 상당히 싼 물건을 찾을 수 있다. 시나몬 향을 중심으로 한 칵테일이나 따뜻한 칵테일을 낼 때 자주 사용된다.

정향

청국장 4인분을 끓인다고 해도 정향 두 조각만 썰어 넣으면 그 냄새가 사라지게 되는, 잡내 잡기의 왕, 마력의 향신료 정향이다. 향 자체가 매우 강렬하고 다른 잡스러운 냄새를 잡는 데 탁월하다. 호불호가 매우 강해 일반적으로 쓸 일이 많지는 않다. 따뜻한 칵테일을 낼 때 반 조각 정도 넣으면 특유의 향이 확 올라온다. 반 조각 이상 들어간 순간 그냥 정향 맛 칵테일이 되니 주의하자.

팔각

모양이 예쁘다. 아니스 술(압생트, 라키, 우조 등)을 만드는 데 쓰이는 향신료로 해당 술을 기주로 사용하는 칵테일의 장식으로 훌륭하며, 크림, 우유가 많이 들어가는 달콤한 칵테일에 약간의 킥을 주는 데 사용해도 좋다.

과일

당연하지만 신선한 과일일수록 좋다. 역시 당연하지만 칵테일
레시피북에 있는 '프레시 레몬, 오렌지, 라임주스'는 직접 짠 것을
쓰는 게 좋다. 즙을 짤 때, 혹은 으깨야 할 때 너무 강하게 짜지
않는 것이 중요하다. 특히 오렌지와 레몬 껍질에 있는 오일의 향은
아주 쓰다.

'약간의 쓴맛'은 전체적인 맛을 풍요롭게 만들지만, 껍질이
찢기고 눌릴 정도로 강하게 짜면 그 쓴맛이 부정적인 영향을
미친다. 즙을 직접 짜서 주스를 만들 거라면, 차가운 상태보다는
전자레인지에 10초 정도 돌려서 '아주 살짝 따듯해진' 상태로
주스를 짜는 게 더 좋다고 한다. 껍질만 쓰는 경우에는 하얀
속껍질을 최대한 제거해 주는 것이 향미 차원에서 깔끔하고 좋다.
물론 장식적인 형태로 껍질을 도려내어 고정해야 한다면 어느
정도 속껍질을 남겨 두자. 그렇지 않으면 고정이 힘들 것이다.
칼을 대지 않은 상태에서 대체적인 과일의 보존성은 꽤 좋은
편이며, 허브나 스파이스와 달리 남는 경우 그냥 먹어도 맛있으니
무리해서 사도 별 무리가 없지 않을 듯하다.

레몬

구하기도 쉽고 가격도 싸며 범용성도 좋은 레몬이다. 시고 달고
아주 약간 쌉싸름하다. 쌉싸름한 느낌을 살리고 싶으면 껍질만
살짝 잘라 쓰면 된다. 스퀴저로 레몬을 짜거나 생레몬을 으깰 때,
껍질 째로 쓰는 것과 껍질을 벗기는 것의 쓴맛 차이가 상당히 크다.
시중에서 파는 노란 플라스틱 용기에 담긴 레몬주스도 그럭저럭
사용할 만한데, 정확히는 레몬주스라기보다 레몬주스 농축액이기
때문에 적당한 희석이 필요하다.

라임

가격의 차이가 꽤 난다 하더라도 되도록 냉동 라임보다는 생
라임을 사도록 하자. 냉동 라임과 생라임의 향 차이는 상당히 크고,
칵테일과 음료의 장식으로 사용되는 과일에서 이 '향 차이'는
굉장히 중요하다. 레몬에 비해 덜 시고 덜 달며 더 쌉싸름하다.
모히토의 주재료로, 탄산이나 허브가 많이 들어가는 칵테일에 잘
어울린다. 시중에서 파는 플라스틱 용기에 담긴 라임주스와 칵테일
레시피의 '라임즙'은 완전히 다르다. 한국에서 파는 라임주스는
설탕을 많이 넣은 '라임 코디얼'에 가깝다. 브랜드로는 레이지
라임주스 정도가 '생라임즙'에 가까운 향이 난다.

오렌지

어차피 그냥 뜯어 먹어도 맛있으니까 그냥 막 사자. 해장에도
좋다. 과육의 단맛에 비해 껍질과 껍질에 있는 오일의 쓴맛이 아주
강하고 화려하다. '지중해성' 리큐르인 캄파리, 아페롤, 버무스
등이 들어가는 칵테일에 잘 어울린다. 주스가 필요할 때는 짜서
쓰는 게 최고긴 하지만, 시판되는 오렌지주스가 워낙 싸고 편하긴
하다. 시판 오렌지주스도 환원주스냐 착즙주스냐에 따라 맛이
천차만별이니 여러 가지를 써 보고 판단하자. 아, 국내에 판매되는
오렌지는 발렌시아, 네이블 오렌지의 두 품종인데, 시장이나 대형
마트에서는 섞어서 판매하며 인터넷을 통해 품종별로 구매할 수
있다.

체리

솔직히 좋아하는 재료가 아니라 뭐라고 할 말이 없다. 소수의
위스키 기주 칵테일이나 체리 리큐르를 사용하는 칵테일, 트로피컬
칵테일에 장식으로 자주 사용된다.

파인애플

비싸고 손질하기도 귀찮지만 모양과 맛과 향은 확실하다. 시판 파인애플주스는 그야말로 설탕덩어리인 데다가, 체감상 이상할 정도로 다른 과일주스에 비해 잘 상한다는 느낌이다.

탄산수

칵테일에 탄산감을 더해 주는 부재료들이다. 몇 년 전만 해도
대형 마트에도 없는 경우가 있었는데, 요즘에는 동네의 조금 큰
슈퍼에서도 대충 다 구할 수 있다. 음료수 대용으로 마시기에도
나쁘지 않으니, 인터넷 쇼핑몰에서 박스째 사 두어도 무방하다.

소다수

무향 탄산수. 캐나다드라이 클럽소다, 초정 탄산수와 산
펠레그리노, 페리에 등의 다양한 탄산수들이 잘 유통되는
편이다(대형 마트 한정. 편의점에서 찾기는 쉽지 않다). 브랜드별로
탄산감과 미네랄의 느낌이 꽤 다르므로(그리고 가격도 꽤 다르므로),
입맛 혹은 적절성이 맞는 탄산수를 찾아보도록 하자.

　위스키 하이볼을 대표로, 독한 술 본연의 향미를 죽이지
않으면서도 조금 편하게 마시는 형태의 칵테일에 자주 사용된다.

토닉워터

원래는 향신료(이자 독약)의 일종인 퀴니네가 들어 있는, 말라리아
치료제로 사용되던 의료용 탄산수였으나 지금은 그냥 가향
탄산수다. 조금 쌉싸름하고 덜 달콤한 사이다 맛이 난다. 진로의
토닉워터와 캐나다드라이 토닉워터가 주로 유통되는데, 진로가
캐나다드라이에 비해 전체적인 향이 약간 강한 편인데, 아쉬운
점은 단맛이 심하게 강하다는 것이다. 이외에도 다양한 토닉워터가
판매되고 있으니 취향과 지갑 사정에 맞춰 구하도록 하자. 정
없으면 사이다를 쓰자. 진 토닉이 대표적이다. 사실 토닉워터라는
게 결국 달콤한 탄산수라, 어느 독주에 섞어도 그냥 적당히
달콤새콤 쌉싸름해진다.

진저 에일

생강, 레몬, 설탕으로 가향한 탄산수. 약간의 생강 맛이 나는 달콤한 탄산수인데, 브랜드별로 맛의 차이가 상당하다. 하지만 대형 마트에서는 캐나다드라이 외의 제품을 구하기 조금 힘든 편이다. 캐나다드라이 진저 에일의 생강 맛이 약간 아쉽다고 생각되면, 칵테일을 만들 때 생강 시럽을 조금 첨가하도록 하자. 식재료상이나 인터넷 등을 좀 찾아본다면 상당히 괜찮은 (그러나 가격이 괜찮지 않은) 진저 에일을 구할 수도 있다. 진저 에일을 쓰는 가장 유명한 칵테일은 모스코 뮬일 것이다. 역시 결국은 달콤한 생강차에 탄산을 넣은 듯한 무난한 맛이기에, 어느 독주에 섞어도 편하게 마실 수 있다.

콜라

설명이 필요한가. 그냥 콜라다. 개인적으로 단맛과 편안함이 강한 펩시콜라보다는 상큼함이 강한 코카콜라를 선호하는데, 취향의 문제다.

얼음

칵테일에 '얼음'이 들어가는 이유는 차가운 칵테일을 만들고, 이렇게 만든 칵테일의 찬 온도를 유지시키기 위함이다. 매우 당연하고 단순한 이 문장을 시작으로 조금 복잡한 이야기를 펼쳐 보도록 하겠다.

칵테일을 차게 마셔야 하는 이유

일반적으로 '술의 맛'을 제대로 즐기기 위한 온도는 상온이다. 대부분의 술은 상온에서 즐기도록 설계되어 있다. 그렇다면 왜 상온인가? 술과 차를 포함한 많은 음료들은 음료의 온도가 높을수록 맛이 화려해지고, 온도가 낮을수록 맛이 단순해진다(물론 와인의 타닌 쓴맛처럼, 반대의 성향을 띄는 맛의 요소도 있다). 하지만 한 음료의 맛이 하나의 향미 요소로 이루어져 있을 리는 없다. 와인이나 위스키, 커피 등의 시음 기록을 보면 '바닐라와 레몬그라스 향을 중심으로 약간의 곡물 향이 존재하며, 아주 약간의 버터스카치 향이 존재한다' 같은 식으로 수많은 단어들이 나열되어 있다. 이 향들이 모두 동일하게 온도가 높아지면 강해지고 낮아지면 약해지는 것은 아니다. 물론 기본적으로 모든 향이 온도가 높아질수록(적어도 사람이 마실 수 있는 온도까지는) 강해지며, 온도가 낮아질수록(적어도 사람이 마실 수 있는 온도까지는) 약해진다. 하지만 각각의 향이 언제 더 두드러지는지는 다른 이야기다.

 술의 음용과 온도에서 기초적으로 고려해야 할 것들은 이러하다. 1. 각각의 맛을 내는 각각의 화학 성분이 활성화되는 온도가 다르며 2. 알코올은 온도가 높을수록 쉽게 휘발한다. 즉, 온도가 높아질수록 기본적으로 코끝이 맵고, 조금 역한 느낌을

준다. 3. 우리의 혀는 기계가 아니기에 온도에 따라 감각이
달라진다.

자, 예를 하나 들어 보겠다. 개인적으로 생각하는 '헨드릭스'
진의 온도에 따른 맛 그래프는 개략적으로 이러하다.

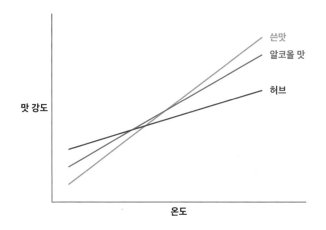

온도가 높아질수록 전체적인 맛이 화려해지며, 그중에서
쓴맛이 더욱 강해진다. 반대로 온도가 낮아질수록 전체적인 맛이
부드럽고 약해지지만 그 맛 안에서는 특유의 허브 향의 비중이
높아지다가, 더 차갑게 냉각시키면 거의 '달콤한 맛'이 느껴질
정도가 된다. 물론 당연하지만 이 그래프는 개략적인 수준이다.
애초에 저 그래프를 그리기 위해 헨드릭스 진을 데워 마신다거나
하지는 않았으니까. 적지 않은 술이 저 그래프를 따라간다.

이러한 차원에서 살짝 데워 먹기 좋은 술은 이러하다.
1. 상온에서 지나치게 강렬하거나 역하지 않다. 2. 맛의 요소들이
이루는 균형감보다는 맛의 요소들이 각각 지니는 화려함이 맛의
포인트다. 3. 술 자체가 가진 향과 무게감이 충분히 강하기에,

알코올의 향이 술의 향을 방해하지 않는다. 데워 먹는 대표적인 술인 브랜디를 생각하면 간단하다. 반면에 맛 자체가 조금 강렬하고 역한 술들(희석식 소주나 싸구려 독주들)의 경우에는 최대한 차게 먹는 쪽이 편할 것이다. 싸구려 술이 아닐지라도 다른 향에 비해 알코올 자체의 향이 무척 강렬한 보드카의 경우는 차게 마시는 편이 조금 더 편한 시음이 된다.

어떤 온도로 술을 마실지는 전적으로 음용자의 자유다. 브랜디를 차갑게 마셔도 뭐라고 할 사람은 없다. 희석식 소주를 데워 마셔도 뭐라고 할 사람은 없다. 하지만 각각의 술의 특성이 다르기에 '좀 더 맛있는' 온도는 존재할 것이다. 그리고 대개의 칵테일은 아무래도 차게 마시는 쪽이 편안하다. 기본적으로 꽤 많은 칵테일들이 독주를 좀 더 편하게 즐기기 위해 만들어진 것들이니까. 조금 더 친숙한 예를 들어 보자.

개인적으로 생각하는 소주의 향미 그래프다. 온도가 높아질수록 달고, 알코올향이 강해지며, 역해진다. 그러니 역시 소주를 마실 때는 낮은 온도가 좋다.

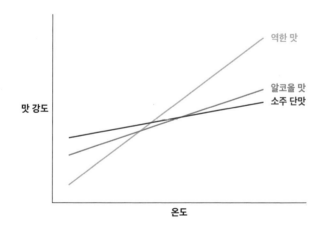

얼음의 종류

칵테일에 쓰이는 얼음은 크게 3종류로 분류할 수 있다. 물론
여러 칵테일 북을 보면 엄청 자세하게 분류한다. 하지만 위대한
야구선수 양준혁은 이렇게 말했다. '타자 입장에서, 공은
3종류밖에 없다. 빠른 공, 떨어지는 공, 옆으로 휘어지는 공.'
럼프 오브 아이스, 아이스 큐브, 플레이크, 크러시드 아이스 등의
복잡한 분류가 있지만 중요한 건 크러시드 아이스(잘게 부순 얼음),
큐브 아이스(평범한, 네모진 얼음), 볼 아이스(대형의 구형 얼음)
정도라고 생각한다. 물론 큐브 아이스라는 게 가정용 냉동고에서
나오는 1.5×1.5cm 크기의 작은 얼음에서부터 공업용 제빙기에서
나오는 5×5cm 크기의 얼음까지 다양하고, 볼 아이스도 얼음 전문
판매상에서 판매하는 얼음에서부터 집에서 아이스볼 틀로 만드는
얼음까지 다양하겠지만. 질량당 표면적이 클수록 쉽게 녹고,
빠르게 냉각시키며, 냉각 지속력이 떨어진다. 이는 표면적에 따른
열전도율의 차이 때문이 아니라, 표면적에 따른 융해의 차이다.
여기서부터 몇 가지 화학적인 개념에 대해 설명하고 넘어가겠다.

열교환 / 융해열 VS 비열 / 지속력 VS 순간 냉각 능력

우리는 얼음으로 음료를 냉각한다. 이 과정을 화학적으로 풀어
보자. 기본적으로 우리가 생각해야 할 온도는 세 가지다. 1. 음료의
온도. 2. 상온(계의 온도). 3. 얼음의 온도. 섭씨 10도의 날씨에 4도로
냉각한 술 100g을 따르고, 거기에 영하 14에서 보관한 얼음 100g을
넣고 가만히 두어 보자. 어떻게 될까? 아주 나중에는 결국 얼음이
다 녹고 음료의 온도도 10도가 될 것이다. 그 전에는?

　　일단 먼저 술과 얼음의 관계부터 생각하자. 술과 얼음의
비열(어떤 물질의 온도를 1도 높이는 데 필요한 에너지)은 다르지만
편의상 같다고 전제하고 생각해 보자. 술과 얼음의 온도는

열평형을 이루며 영하 5도로 유지될 것이다(역시 편의상 술의
어는점은 영하 5도보다 낮기에 술이 얼지는 않는다고 전제하자. 실제로도
술의 어는점은 물보다 낮고, 0도에서 얼지 않는다). 여기서 '상온'을
생각해 보자. 우리 주변의 기체의 양은 술잔에 담긴 100g의 술에
비하면 사실상 무한하다. 영하 5도여야 할 술과 얼음의 온도는
천천히 올라가게 될 것이고, 0도에 이르면 얼음이 녹기 시작할
것이다. 0도에서 순식간에 얼음이 녹지는 않는다. '융해열'이
존재하기 때문이다.

융해열이란 고체가 액체로 변할 때 빨아들이는 열에너지다.
좀 더 일상적인 용어를 사용하자면 '얼음이 녹으면서 주변을
냉각하는 힘'이다. 얼음이 녹는 동안 얼음은 계속 주변의
열에너지를 빨아들이며 술의 온도를 유지하다가, 얼음이 다 녹고
나면 결국 상온의 영향을 받아 온도가 상승하게 될 것이고, 언젠가
술은 상온과 동일한 온도에 다다르게 될 것이다.

이 상황을 그래프로 정리하면 대략 이러하다.

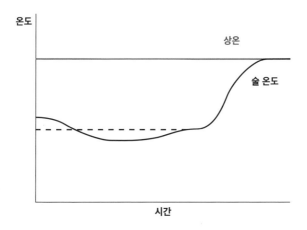

물론 이 과정은 편의를 위해 매우 많은 가정과 간략화를 거친 것이라는 걸 알아 두자. 필자는 공대생이 아니고 이 책은 교양화학 교재가 아니다.

융해열, 그러니까 얼음이 녹으며 물이 되는 동안 주변에서 빨아들이는 에너지는 비열의 팔십 배다. 즉, 영하 10도의 얼음 1g이 0도가 되는 데까지 필요한 열에너지가 10이라면, 0도의 얼음이 1g이 0도의 물로 녹는 데 필요한 열에너지는 80이다. 일상 용어로 바꾸자면, 영하 10도짜리 얼음이 영하 0도(영하 0도?)로 온도가 올라가면서 내는 냉각력이 10이라면 영하 0도짜리 얼음이 녹으면서 내는 냉각력은 80이라는 이야기다.

좀 더 쉽게 예를 들어 보자. 나무의 비열은 0.41이고 얼음의 비열은 0.5로 대충 비슷하지만 나무는 0도에서 액체로 융해되지 않는다. 즉, 어떤 술에 영하 20도로 차게 식힌, 동일한 질량의 얼음과 나무 조각을 넣으면 0도까지의 냉각 능력은 냉동고에 넣은 나무나 냉동고에 넣은 물이나 비슷하지만(물론 전도 등의 차이가 있겠지만), 0도에서 얼음은 '녹으면서' 엄청난 냉각 작용을 시작하고 나무는 그렇지 않다.

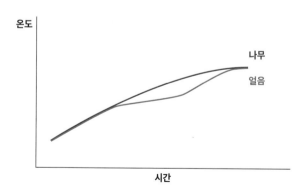

즉, 얼음을 사용한 냉각에서 중요한 것은 '얼음의 차가움이 액체에 전달되는 것'이 아니라 '얼음이 녹는' 것이 냉각 작용의 핵심이다. 표면적이 큰 얼음은 표면적이 커서 열전도가 많이 일어나서 '빨리 녹으며 빨리 냉각'하는 게 아니라, 표면적이 크기에 여러 표면에서 '얼음이 녹으면서 빨리 냉각'하게 되는 것이다.

느리게 녹으면서 순간 냉각 능력이 뛰어난 얼음은 물리적으로 존재할 수 없다. 유일한 가능성은 '좀 더 찬 곳에 보관한 얼음'이다. 이를테면 영하 80도짜리 보관소에서 얼린 얼음이라면 융해열을 무시할 정도로 무시무시한 냉각 능력을 보여 줄 것이다. 냉각 능력이 너무 무시무시해서 얼음을 다루다가 동상을 입을 확률이 적지 않겠지만.

좋은 얼음

증류주로 만든, 불순물이 없는 얼음이 가장 좋다. 이는 얼음 자체의 냉각 능력보다 '얼음이 녹았을 때의 문제'와 더 관련된다. 몇몇 위스키광들은 '희석된 얼음에서 나온 불순물이 위스키의 맛을 변화시킬 가능성' 때문에 위스키에 절대로 얼음이나 물을 넣지 않는다(조금 더 심한 위스키광들은 위스키를 만들 때 쓰는 위스키 용수를 구해다 위스키를 희석한다). 그러니 깨끗한 증류수로 만드는 얼음이 전체적으로 나을 것이다. 또한 이쪽이 미관상 보기 좋다. 깨끗하니까.

초저온에서 급속 냉각한 얼음보다는 고온에서 천천히 얼린 얼음일수록 분자의 구조가 단단해진다. 앞에서 설명한 '융해열'이라는 것은 결국 물 분자의 배치가 분해되는 것과 관련되는데, 배치가 단단할수록 더 좋은 냉각 능력을 갖추게 된다. 이론상으로는 그러하지만 실제로 이것이 어느 정도의 차이를 지니는지에 대해서는 잘 모르겠다. 하지만 확실한 것은 미관상

이쪽이 더 깨끗한 얼음을 얻을 수 있는 방법이라는 점이다.

확실하게 중요한 것은 보관의 문제다. 최대한 찬 곳에 보관할수록 좋다. 이는 절대적이며 유일하다. 고급 얼음을 사다 둔다 하더라도, 냉동고에서 꺼내 상온에 버려 두었다가 사용한다면 얼음이 가진 '열교환을 통한 냉각 능력'을 충분히 활용할 수 없다. 물론 얼음과 계의 온도차가 너무 크다면 얼음에 균열이 발생하고, 표면적을 쓸데없이 증가시키며, 얼음의 효과를 '통제'하기 힘들다.

작은 얼음 VS 큰 얼음

향미를 즐기며 비교적 천천히 마실 만한 칵테일을 만드는 데 '너무 차가운 얼음'이나 '너무 작은 얼음'를 쓰는 것은 추천하기 힘들다. 이를테면 스카치 위스키와 드람뷔, 얼음과 레몬 껍질로 만드는 독한 위스키 칵테일, 러스티 네일을 예로 들어 보자. 대표적인 변용 레시피로 얼음을 뺀 '스트레잇 업 네일'이 있을 정도로, 독하고 화려한 맛을 천천히 즐기는 칵테일이다.

자, 이런 칵테일을 '빠르게 희석되지만 빠르게 냉각시키는' 작은 얼음을 사용하는 것은 올바른가. 아니라고 생각한다. 급속 냉각보다는 냉각의 지속력이 필요한 경우이니 같은 퀄리티의 얼음이라면 큰 얼음을 사용하는 게 나을 것이다. 그리고 '차가운 얼음'까지는 좋다. 하지만 상온에서 보관된 술을 부을 경우 크랙이 생길 정도로 차가운 얼음을 사용하는 것은 역시 그다지 추천할 만한 방식이 아니다.

냉동고에 보관한 진으로 마티니를 만든다고 생각해 보자. 굳이 진을 냉동고에 보관해 두었다는 것은, '차가운 맛의 마티니'를 마시겠다는 의지다. 그렇다면 당연히 상온에 방치된 제빙기의 얼음이 아닌 '냉동고에 보관중인 얼음'을 사용하는 것이 답이 된다. 큰 얼음이냐 작은 얼음이냐는 취향의 차이겠지만.

마찬가지로 냉동고에서 꺼낸 진으로 진 토닉을 만든다고
하자. 토닉워터는 냉장고에 있을 것이다(냉동고에 토닉워터를 넣으면
얼어붙는다). 얼음의 온도는 차가울수록 좋다. 하지만 크기는?
여기부터는 취향의 문제다. 급속 냉각이 필요한, 아주 차가운 진
토닉을 빠르게 마셔 버릴 거라면 작은 얼음을 여러 개 쓰면 되고,
어느 정도의 지속력과 어느 정도의 냉각력을 원한다면 큰 얼음을
적게 쓰면 된다. 필자의 경우에는 후자를 선호하지만 전자가 '틀린'
방식은 아니라고 생각한다. 물론 좀 더 구체적으로 다가간다면
다를 것이다. 다시 한 번 강조하지만, '녹지 않고 냉각시키는'
환상의 얼음은 존재하지 않는다. 작은 얼음을 사용하면 얼음이
빨리 녹아 금세 탄산감도 떨어지고 맛 자체도 떨어지지만 '차가운
느낌'에서는 우위를 얻을 것이며, 큰 얼음을 사용하면 반대의
효과가 날 것이다. 선택은 당신의 것이다.

하지만 '현실적인 칵테일 조주'에서, 큰 얼음이 작은 얼음보다
좋다. 먼저, '차가움을 강조한 칵테일'의 기주나 보조 재료,
잔은 냉동, 냉장 보관하는 경우가 많다. 굳이 '얼음을 통한 급속
냉각'을 할 필요가 없다. 그러니 이 경우에는 굳이 '급속 냉각'의
작은 이점을 위해 작은 얼음을 쓰기보다는 큰 얼음을 쓰는 쪽이
좋다. '약간 차갑게 마시는 술'의 경우도 마찬가지다. '약간 차게
마시는 칵테일'은 결국 처음으로 돌아가서 '너무 차가우면 향
자체가 약해지는 술'인데, 그런 걸 굳이 '얼음이 많이 녹는' '급속
냉각'을 할 이유가 없지 않은가. 작은 얼음이 '현실적으로' 유용한
경우는 정말 극단적으로 차갑고 편하고 빠르게 마시는 몇 종류의
트로피컬 칵테일에 한정된다.

얼음 얼리기
최고의 얼음은 역시 칵테일 얼음 전문점에서 사는 것이다. 하지만

비싸고 개인 단위 구매는 쉽지 않다. 가정용 냉장고의 냉동실에서 나오는 얼음은 일반적으로 충분히 차갑지 않다(보드카도 못 얼리는 수준의 냉동고다). 그나마 집에서 '질 좋은 얼음'을 쓰고 싶다면 다음과 같은 방법이 무난할 것이다.

1. 물을 두 번 끓여 불순물을 날린다.
2. 냉동실에 넣고 최대한 높은 온도(0도 전후)로 천천히 얼린다.
3. 완성된 얼음을 잘 보관한다.

하지만 이런 수고를 할 바에야 그냥 얼음 말고 다른 것에 자원을 더 투자하기를 추천한다. 그 시간에 일을 더 하고 돈을 더 벌어 더 좋은 기주를 사용한다거나.

홈 바의 구성

자, 이제 술을 마시는 방법도 알았고 더 재미있게 마시기 위한 장치들에 대해서도 알았으며, 술에 대해서도 알았을 것이다. 마지막으로 이야기하고 싶은 것은, 이를 바탕으로 '홈 바 구축해 보기'에 대한 이야기다.

물론 술은 역시 밖에서 마시는 게 좋다. 집에는 바의 bgm이 흐르지도 않으며, 바텐더가 말 상대를 해 주지도 술을 따라 주지도 않는다. 생활의 냄새를 막아 주는 두꺼운 문이 있는 것도 아니다. 아무렇게나 말린 채 방바닥을 구르는 양말 같은 건 술맛을 좋게 해 주는 소품이 되지 못한다. 처음 만들어 마시는 술맛은 처참할 것이다. 일단 당신은 숙련된 바텐더가 아니고, 높은 확률로 당신의 엉성한 홈 바에 있는 술들은 보통 바의 술보다 덜 싱싱할 것이기 때문이다. 당신이 노동해야 한다는 것도 중요한 점이다. 당신이 술을 따라야 하고, 당신이 치워야 한다. 취했다고 그냥 잠들면 곤란하다. 잔에 조금 남아 있는 아일레이 위스키는 내일 아침에 지독한 냄새를 풍길 것이며, 제대로 묶어 놓지 않은 과일에서는 초파리가 범람할 것이다.

하지만 이 모든 난제에도 불구하고, '나만의 세계'를 창조한다는 것은 정말로 유쾌한 일이다. 내가 좋아하는 술을 나만의 방식으로 마실 수 있다. 바에서 흔히 들을 수 있는 재즈 대신 라디오나 야구 중계를 들으며 술을 마시는 일도 물론 즐겁다. 노래를 따라 부르거나 응원 팀의 플레이에 환호하며 위스키나 칵테일을 마시는 일은 꽤 즐거운 일이 된다. 보통의 바에서는 잘 취급하지 않는 음식과 함께 술을 마시는 것도 재미있는 일이 될 것이다. 그러니 자, 심호흡 한 번 하고, 준비해 보자.

기초, 기초

일단 술장이다. 고풍스러운 술장이 있으면 좋겠지만, 이케아나 동네 재활용 가구점에서 대형 책장을 사거나, 앵글집에서 앵글을 맞추는 것 정도도 충분하다. 대부분의 술병은 35cm를 넘지 않으니, 그 사이즈에 맞는 튼튼한 물건을 사면 된다. 술은 꽤 무겁지만, 책장은 제법 단단하다. 가능하다면 술장은 냉장고 곁에 두도록 하자. 물론 거실 한가운데라거나 서재 한쪽에 두는 게 멋지다는 건 완전히 동의하지만, 술의 친한 친구들은 그러니까 과일과 음료에서부터 냉장 보관이 필요한 술에 이르기까지, 보통 냉장고를 선호한다.

편의성은 가장 중요한 문제다. 바 옆에 둘 소형 냉장고를 하나 사는 것도 좋은 방법이다.

잔을 따로 사는 건 중요하다. 소주잔에 담긴 투명한 술은 그게 아무리 괜찮은 보드카라도 그냥 소주처럼 보인다. 좋은 친구와 함께 기분 좋게 마신다면 잔 같은 건 별 문제가 되지 않겠지만, 야근에 '쩐' 채 혼자 집에 들어와 위스키를 한잔 마실 때는 꽤 큰 문제가 될 것이다. 굳이 비싸고 좋은 잔을 살 필요는 없지만, 그래도 기본적인 모양을 갖춘 잔을 좀 구하도록 하자.

칵테일 기물들은 보통 비싼 게 확실히 좋기는 하지만, 굳이 처음부터 비싼 걸 살 필요는 없다. 쓰리피스 셰이커는 굳이 사지 않아도 된다. 쓰리피스 셰이커를 반드시 써야 할 정도로 맛의 정밀함을 추구할 수 있게 된 다음에 사도록 하자. 보통은 일주일 내로 캡을 잃어버리게 된다. 보스턴 셰이커로 만족하자.

세계관과 목적의식

하나의 세계를 만들 때 가장 중요한 것은 세계관이다. 어떤 세계를 만들 것인가. 어떤 세계여야 하는가. 이를 정리하기 위해서는 일단 목적의식이 필요하다. 왜, 어떤 용도로 홈 바를 만들려고 하는가? 퇴근 후에 하루를 정리하며 간단히 위스키를 한잔하고 싶은가? 간간이 친구들과 즐기는 홈 파티의 분위기를 한층 업그레이드하고 싶은가? 뭐, 새롭게 바를 오픈할 생각이거나 홈 바를 만들 생각이거나, 결국 고민의 중심은 위스키 중심으로 갈 것인가, 칵테일 중심으로 갈 것인가 하는 문제로 귀결될 것이다.

아무리 좋은 바라고 해서 무한대의 술을 들여놓을 수는 없다. 예산과 음주량이 한정된 홈 바의 경우 더욱 중요한 문제가 된다. 물론 돈이 남아돈다면, 귀찮게 홈 바를 만들지 말고 그냥 바 하나를 오픈하거나 인수하도록 하자. 일단 시작은 한쪽에 무게를 두는 편이 여러 가지로 좋다.

위스키 바

일단 기본적인 위스키 시음용 잔을 여러 개 사자. 누굴 초대할 생각이 없다 하더라도 여러 개를 사자. 물론 쉽게 깨진다. 특히나 집에서 쓰면 더 쉽게 깨진다. 한 종류의 위스키만 먹고 만족한 채로 술자리를 끝낼 수 있는 사람이 홈 바 같은 걸 생각하지는 않으니까.

집에서 위스키를 마실 때 역시 신경 쓰이는 것은 분위기다. 시가, 하루키, 재즈. 뭐 그런 철 지난 힙스터의 물건들을 챙겨 두자.

초콜릿과 견과류가 있으면 좋고, 탄산수는 필수다. 탄산수는 기분 좋게 입을 씻어 주기도 하고, 위스키를 쭉 마시다 보면 위스키 하이볼 정도는 마시고 싶을 게 아닌가. 어차피 사게 될 것이니 처음에 사자. 그리고 비싼 탄산수를 종류별로 사고 나면, 냉장고만 열어도 기분이 좋아질 것이다.

한국의 생수나 정수기는 꽤 좋은 편이라, 그냥 그 물을 얼려서 위스키에 넣을 얼음으로 사용해도 아주 큰 문제는 없다. 그게 싫으면 전문점 얼음을 사 두자.

파라필름도 구해 두면 좋다. 물론 랩으로 둘러도 꽤 강력한 방어 효과를 얻을 수 있지만, '간지'가 나지 않는다.

자, 그러면 무슨 위스키를 살 것인가. 순서는 간단하다. 먼저, 조니 워커 블랙 라벨을 한 병 산다. 둘째 병으로 최근에 맛있게 마신 위스키를 한 병 산다. 셋째 병으로는 최근에 정말 맛없게 마신 위스키를 한 병 산다. 위스키는 소설책이나 운동화와 다르다. 아무리 별로라도 끝내 어떻게든 즐겁게 마실 수 있다.

조금 더 정석적인 시음의 라인업을 만들고 싶다면, 향미에 따라 위스키를 사 보는 것도 나쁘지 않다. 향이 약한 위스키에서 셰리의 뉘앙스가 강한 위스키, 피트 덩어리 위스키, 밸런스가 좋은 위스키. 이런 식으로 말이다. 하지만 처음부터 이런 방식을 추천하고 싶지는 않다. 군이 처음부터 머리로 마실 필요는 없다. 일단은 혀로 강렬함을 느끼자. 좋아하는 녀석, 싫어하는 녀석.

그다음에 종류별로 갖출 생각을 해 보는 쪽이, 금세 술 공부에 취미를 잃고 지루해져서 홈 바에 먼지만 쌓이게 두는 쪽보다 나을 것이다.

칵테일 중심의 홈 바

홈 바를 칵테일 중심으로 꾸미기는 쉽지 않다. 집에서
칵테일이라니. 바텐더도 잘 안 하는 짓이기는 하다. 어쩌면
바텐더라서 안 하는 것일 수도 있다. 쉽지 않지만, 그래도 쉽게 가
보자.

처음부터 너무 어렵게 생각하지 말고, 주방에 있을 법한
음료나 과일, 향신료를 사용하는 것부터 시작하자. 어제 마시다
남겨 둔 돔 페리뇽이라거나, 정원에 만발한 로즈마리 같은 것
말이다. 집에 그런 게 없다면 유감이다.

그래도 계란이라거나 후추라거나 오렌지라거나, 뭐 이런
것들이 있지 않나. 시트러스 과일은 껍질만 안 까면 생각보다
오래가고, 몸에도 좋고 맛도 좋고 요리에 활용하기도 좋으니.
토닉워터나 진저 에일, 콜라 같은 것들은 심심할 때 마시기 좋다.

위스키와 달리, 결코 처음부터 무리하게 비싼 기자재나 비싼
술에 집착할 필요는 없다. 대부분의 취미가 그렇지만, 홈 칵테일을
만들면서도 굳이 '프리미엄'이라는 형용사가 붙은 진이나 럼,
보드카를 살 필요가 없다. 물론 그냥 대놓고 맛있는 프리미엄급
술들도 있다(패트론 실버라거나). 하지만 대부분의 소위 프리미엄급
독주들은 대체로 '보급형' 독주에 비해 강렬한 개성과 정체성을
자랑하기에, 맛을 조율하기 조금 더 힘들어질 확률이 높다.

그러니 가장 먼저 사야 할 건 비피터 진이다. 물론 비피터로
아주 완성도 좋은 칵테일을 내는 건 쉬운 일이 아니지만, 어쨌거나
비피터에서는 그냥 진 맛이 난다. 보드카를 좋아한다고? 그래도

비피터를 사라. 데낄라가 취향이라고? 그렇더라도 비피터를 사자. 몇 종류의 독주로 시작할지에 대해 너무 고민하지 말자. 굳이 진, 럼, 위스키, 보드카, 데낄라 등 종류별로 들이려는 강박을 가질 필요는 없다. 맛이 빠져서 다 버리게 된다. 그냥 손이 가는 걸 사자. 홈 바의 구성의 핵심은(동시에 바의 핵심이기도 하다), 재고를 최대한 덜 남기는 것이다. 가지고 있으면 짐이고, 향미는 젊음처럼 빠져나간다. 리큐르는 먼저 취향, 그다음에 범용성과 유통 기한을 생각하며 사자. 다시 강조하지만, 버무스는 잘 상한다.

디테일

물론 사람마다 처한 상황의 디테일이 다를 것이다. 오십만 원을 들고 있는 경우와 오백만 원을 들고 있는 경우가 다를 것이고, 럼에 꽂혀 있는 경우와 음식과 술의 마리아주에 꽂혀 있는 사람의 경우가 다를 것이다. 만약 상황이 어느 정도 구체적으로 잡혀 있는 상황이라면, 홈 바를 꾸리기 위한 첫 삽을 뜨기 전에, 계획서를 들고 단골 바의 바텐더를 찾아가서 좋아하는 위스키를 한 잔 사고 도움을 얻도록 하자.

자, 긴 글 읽느라 수고했다. 술꾼으로서, 바텐더로서, 이 글을 쓴 사람으로서, 당신의 술자리가 언제나 행복하기를 바란다. 나도 이제 한잔하러 가련다.

칵테일 스피릿

**스피릿에서 칵테일까지,
당신이 마시는 술에 대한 가볍고도 무거운 이야기**

© 주영준 2019

발행일 1쇄 2019년 8월 26일
2쇄 2021년 8월 11일

글 주영준
기획 강준선
그림 이진미
디자인 강준선
편집 김유민
펴낸이 김경미
펴낸곳 숨쉬는책공장
등록번호 제2018-000085호
주소 서울시 은평구 갈현로25길 5-10 A동 201호(03324)
전화 070-8833-3170 **팩스** 02-3144-3109
전자우편 sumbook2014@gmail.com
페이스북 / soombook2014 **트위터** @soombook

값 16,500원 | ISBN 979-11-86452-47-9 03590
잘못된 책은 구입한 서점에서 바꿔 드립니다.

이 도서의 국립중앙도서관 출판예정도서목록(CIP)은
서지정보유통지원시스템 홈페이지(http://seoji.nl.go.kr)와
국가자료종합목록 구축시스템(http://kolis-net.nl.go.kr)에서
이용하실 수 있습니다. (CIP제어번호 : CIP2019029872)